Química del carbono

Nomenclatura y formulación
Normas de la IUPAC

Marino Latorre Ariño

EDELVIVES

ÍNDICE

1. Introducción a la Química del carbono

La Química del carbono estudia un gran número de compuestos que contienen como elemento básico de su constitución molecular el átomo de carbono. Pensemos, por ejemplo, en la gran cantidad de proteínas, antibióticos, hormonas, vitaminas, fibras sintéticas, plásticos, perfumes, detergentes, etc., que existen y comprobaremos que el átomo de carbono es un átomo singular que puede formar cadenas y combinarse fácilmente con un número reducido de átomos, como son el hidrógeno, el oxígeno, el nitrógeno, el fósforo, el azufre y los halógenos.

Química del carbono

Constituye una de las ramas fundamentales de la Química.

1 Desarrollo de la Química del carbono

Muchos de los compuestos del carbono ya eran conocidos en la Antigüedad; los egipcios y fenicios extraían de las plantas colorantes, como púrpura de Tiro, y sustancias medicinales. También conocían la conversión de la grasa animal en jabón y obtenían alcohol por fermentación de azúcares. Hasta que el químico alemán Friedrich Wöhler, en 1928, logró sintetizar la urea, se creía que los compuestos del carbono solo podían producirse por la acción de una *fuerza vital* que únicamente poseían los seres vivos. Desde entonces se han sintetizado cientos de miles de estos compuestos.

Friedrich Wöhler

Se le considera el precursor de la Química del carbono. Sintetizó la urea a partir de compuestos no orgánicos.

Entre 1811 y 1830 Liebig desarrolló nuevos métodos de análisis, y de 1858 a 1872 hombres como Kekulé, Couper, Le Bel, Van't Hoff y otros, abordaron el concepto de enlace y lograron representar la estructura tridimensional de las moléculas del carbono. En la actualidad se conocen varios millones de compuestos diferentes y el ritmo de crecimiento es de más de cincuenta mil nuevos compuestos por año. Pero, ¿cuál es la causa de tal abundancia de compuestos del carbono? La respuesta se encuentra en la configuración electrónica del átomo de carbono y en la gran estabilidad de los enlaces que forma.

2 El átomo de carbono: un átomo singular

La estructura electrónica del átomo de carbono es $1s^2\ 2s^2\ 2p^2$. De estos seis electrones solo interesan, desde el punto de vista reactivo, los cuatro electrones de la capa más externa, la capa de valencia. El carbono tiende a adquirir estructura de gas noble (neón) por compartición de sus electrones más externos con los de otros átomos. En los compuestos orgánicos, el átomo de carbono es siempre *tetravalente*. Se logra explicar la tetravalencia del átomo de carbono mediante la promoción de uno de sus electrones **s** a un orbital **p**, muy próximo en energía, promoción que permite la *hibridación de los orbitales*.

Estructura electrónica del carbono

Debido a que un electrón del orbital s promociona a un orbital p, en su última capa el carbono actúa con cuatro electrones desapareados.

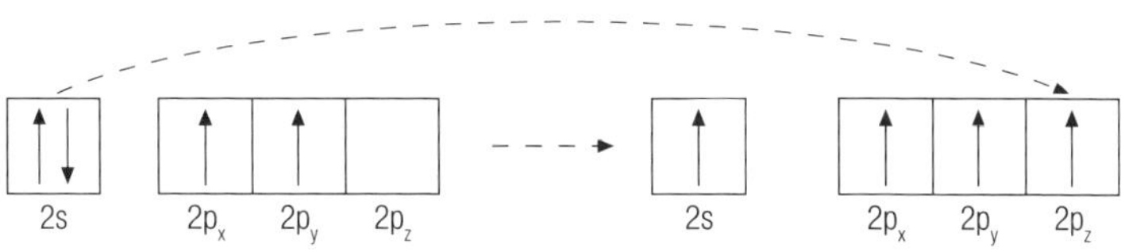

La hibridación supone la formación de tantos orbitales híbridos como orbitales puros de los que hemos partido. Estos orbitales híbridos poseen todos la misma energía y forma orbital. Según la participación de orbitales puros, podemos encontrar distintas hibridaciones para el átomo de carbono que abordaremos a continuación.

Hibridación

Formación de orbitales híbridos a partir de la combinación de orbitales puros.

Hibridación sp³

La existencia de cuatro electrones desapareados (uno en un orbital **s** y tres en los tres orbitales **p**) posibilita la formación de cuatro orbitales híbridos **sp³**.

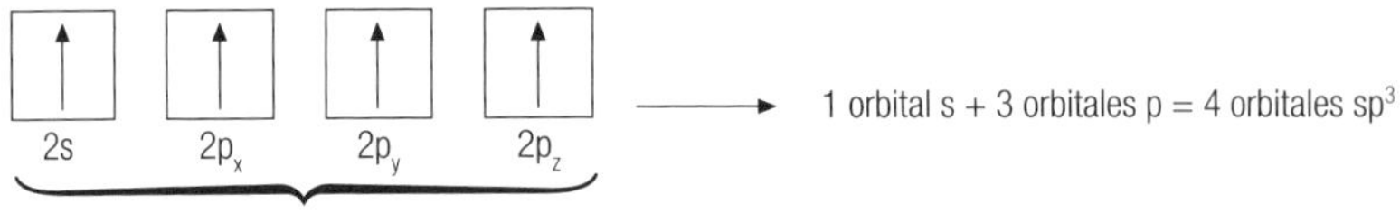

Estos cuatro orbitales adoptan una *disposición tetraédrica* con ángulos de 109° 28'.

El solapamiento **sp³-sp³** da lugar a un enlace sencillo tipo σ carbono-carbono. El solapamiento **sp³-s** da lugar a un enlace σ carbono-hidrógeno.

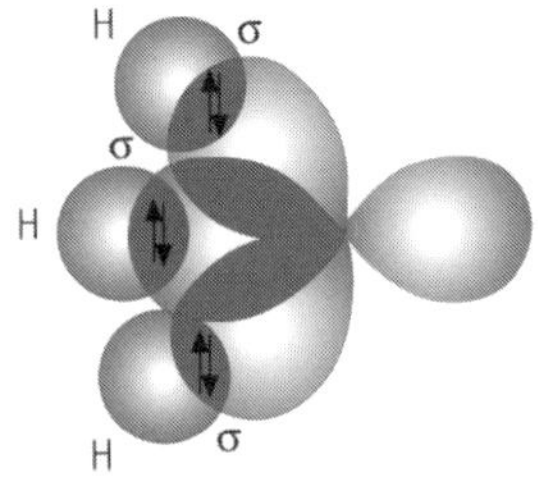

▲
Átomo de carbono con cuatro orbitales híbridos **sp³**, enlazado a tres átomos de hidrógeno.

Por ejemplo, la estructura del etano:

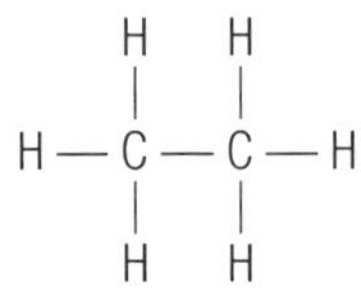

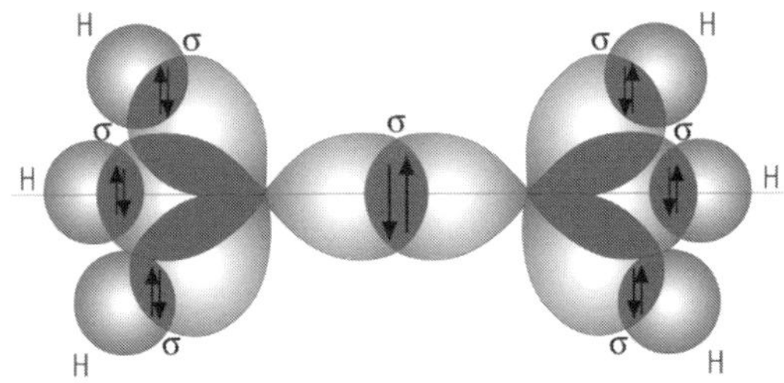

Hibridación sp²

Otra posible combinación de orbitales sería:

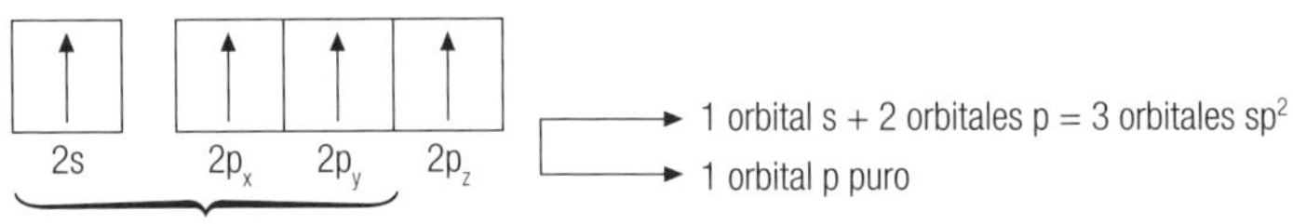

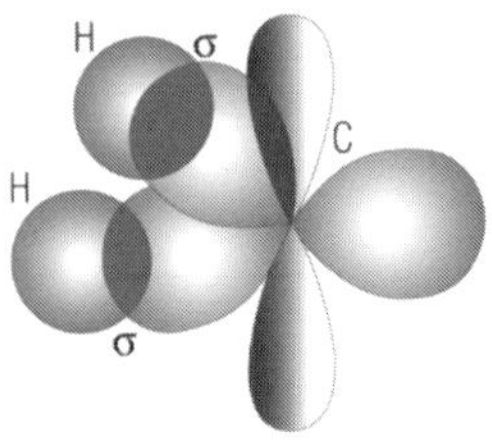

▲
Átomo de carbono con tres orbitales híbridos **sp²** y un orbital **2p$_z$** puro, enlazado a dos átomos de hidrógeno.

es decir, una hibridación **sp².** El orbital **p$_z$** sigue siendo un orbital **p** puro, que mantiene su forma y energía. Los tres orbitales híbridos **sp²** se colocan de manera equivalente con una *disposición triangular plana,* con ángulos de 120° y el orbital **p$_z$** es perpendicular al plano formado por los orbitales **sp².**

El solapamiento **sp²-sp²** y el **2p$_z$-2p$_z$** forman, respectivamente, un enlace tipo σ y otro tipo π que dan lugar a un doble enlace carbono-carbono. El solapamiento **sp²-s** da lugar a un enlace σ carbono-hidrógeno.

Por ejemplo, la estructura del eteno:

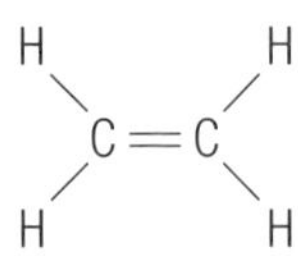

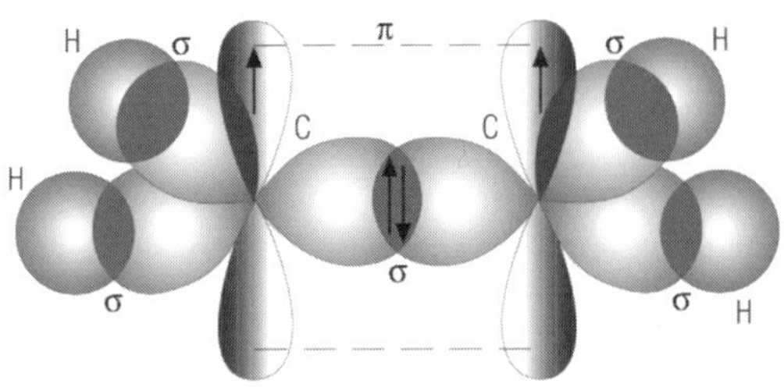

Hibridación sp

Asimismo, los orbitales s y p se pueden combinar de la siguiente forma:

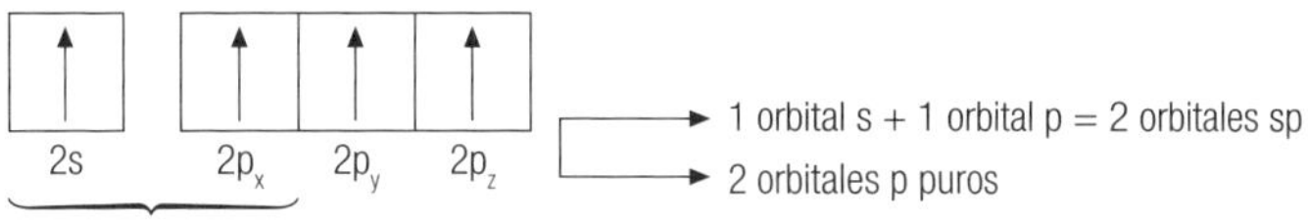

para dar lugar a la hibridación **sp.** Los orbitales $\mathbf{p_y}$ y $\mathbf{p_z}$ siguen con su energía y su distribución en el espacio. Los dos orbitales híbridos **sp** adoptan una disposición lineal (180° entre sí) y los orbitales $\mathbf{p_y}$ y $\mathbf{p_z}$ son perpendiculares entre ellos y con la línea que forman los orbitales **sp.**

El solapamiento **sp-sp,** el $\mathbf{2p_y\text{-}2p_y}$ y el $\mathbf{2p_z\text{-}2p_z}$ forman, respectivamente, un enlace tipo σ y dos tipo π que proporcionan el triple enlace carbono-carbono. El solapamiento $\mathbf{sp^2\text{-}s}$ da lugar a un enlace σ carbono-hidrógeno. Por ejemplo, la estructura del etino o acetileno:

$$H-C\equiv C-H$$

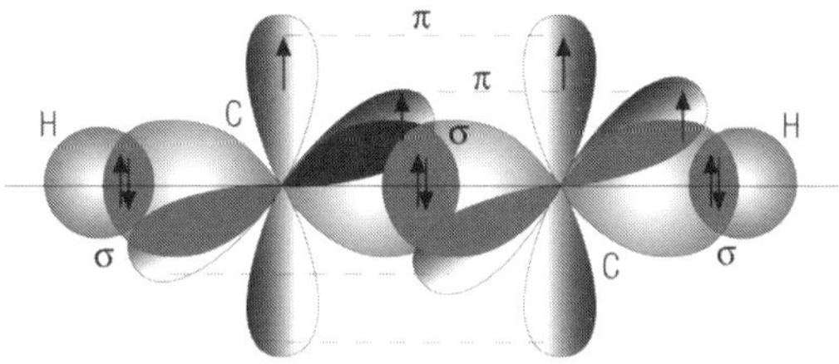

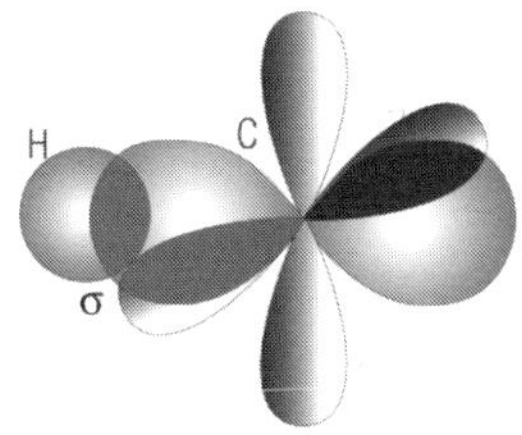

Átomo de carbono con dos orbitales híbridos **sp** y dos orbitales puros $\mathbf{2p_y}$ y $\mathbf{2p_z}$, enlazado a un átomo de hidrógeno.

3 Representación de las moléculas orgánicas

La unión de los átomos de carbono por alguno de los tres enlaces indicados anteriormente forma las *cadenas carbonadas;* los átomos de carbono representan los *eslabones* de la cadena y constituyen el esqueleto del compuesto correspondiente.

La fórmula química es la representación escrita de la molécula (por ejemplo, C_4H_8). A través de ella podemos identificar: la *clase* de átomos que la constituyen, su *cantidad*, la *relación ponderal* de su combinación y la *masa* molecular. Para representar una misma molécula se utiliza:

a) Fórmula empírica. Expresa los elementos que constituyen la molécula y en qué proporción se encuentran: $(C_2H_4)_n$

b) Fórmula molecular. Indica el número total de átomos que forman la molécula: C_4H_8

c) Fórmula semidesarrollada. Es la que se utiliza con más frecuencia. En ella, además del número y posición de los átomos que forman la molécula, aparecen los enlaces entre carbonos:

$$CH_2=CH-CH_2-CH_2-CH_2OH$$

d) Fórmula desarrollada. Aquella en la que aparecen, sin excepción, todos los enlaces que intervienen en la molécula:

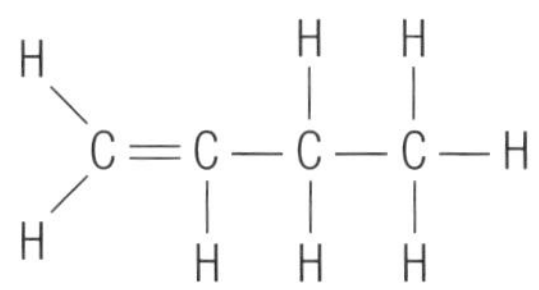

e) Fórmula estructural. En ella, mediante líneas de diferente grosor, se intenta poner de manifiesto la estructura espacial de la molécula, observar la geometría de los enlaces, etc. Con esta fórmula se obtiene una visión más real de la forma de la molécula:

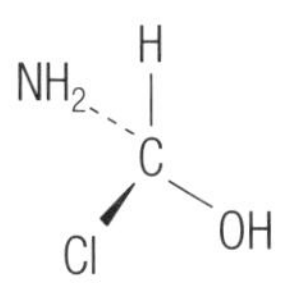

Representación gráfica de moléculas de compuestos de carbono

Forma abreviada que caracteriza completamente la molécula.

Fórmula semidesarrollada del ácido acético

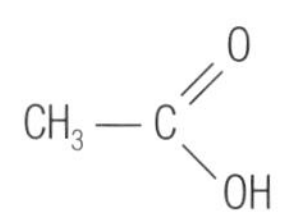

En algunas ocasiones, en la fórmula semidesarrollada, aparecen todos los enlaces excepto los del hidrógeno.

Hidrocarburos cíclicos

Para formularlos, casi siempre, se sustituye el ciclo de carbonos por el polígono que lo representa:

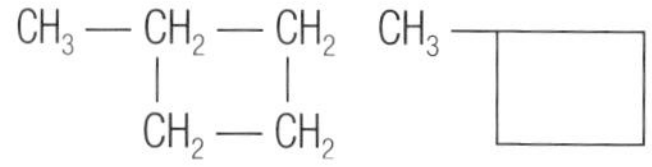

4 Grupos funcionales de los compuestos de carbono

	Función	Grupo funcional y fórmula general	Ejemplo	
Hidrocarburos	Alcano (parafinas)	$-CH_2-CH_2-$ C_nH_{2n+2}	$CH_3-CH_2-CH_3$	Propano
Hidrocarburos	Alqueno (olefinas)	$-CH=CH-$ C_nH_{2n}	$CH_2=CH-CH_3$	Propeno
Hidrocarburos	Alquino (acetilenos)	$-C\equiv C-$ C_nH_{2n-2}	$CH\equiv C-CH_3$	Propino
Hidrocarburos	Alicíclicos		C_5H_{10} 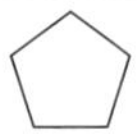	Ciclopentano
Hidrocarburos	Aromáticos		C_6H_6 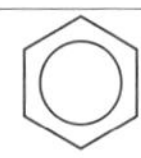	Benceno
Hidrocarburos	Derivados halogenados	$R-X$	$CH_3-CH_2-CH_2-Cl$	1-cloropropano
Compuestos oxigenados	Alcohol	$R-OH$	CH_3-CH_2-OH	Etanol
Compuestos oxigenados	Fenol	$Ar-OH$	 $-OH$	Fenol
Compuestos oxigenados	Éter	$R-O-R'$	$CH_3-O-CH_2-CH_3$	Metoxietano
Compuestos oxigenados	Aldehído	$R-C\genfrac{}{}{0pt}{}{/\!\!/O}{\backslash H}$	$CH_3-CH_2-C\genfrac{}{}{0pt}{}{/\!\!/O}{\backslash H}$	Propanal
Compuestos oxigenados	Cetona	$R-\overset{\overset{O}{\Vert}}{C}-R'$	$CH_3-\overset{\overset{O}{\Vert}}{C}-CH_3$	Propanona
Compuestos oxigenados	Ácidos	$R-C\genfrac{}{}{0pt}{}{/\!\!/O}{\backslash OH}$	$CH_3-CH_2-C\genfrac{}{}{0pt}{}{/\!\!/O}{\backslash OH}$	Ácido propanoico
Compuestos oxigenados	Ésteres y sales	$R-\overset{\overset{O}{\Vert}}{C}-O-R'$	$CH_3-\overset{\overset{O}{\Vert}}{C}-O-CH_3$	Etanoato de metilo
Compuestos nitrogenados	Amina	$R-NH_2$	$CH_3-CH_2-NH_2$	Etilamina
Compuestos nitrogenados	Amida	$R-\overset{\overset{O}{\Vert}}{C}-NH_2$	$CH_3-\overset{\overset{O}{\Vert}}{C}-NH_2$	Etanamida
Compuestos nitrogenados	Nitrilo	$R-C\equiv N$	$CH_3-CH_2-C\equiv N$	Propanonitrilo
Compuestos nitrogenados	Nitrocompuestos	$R-NO_2$	$CH_3-CH_2-NO_2$	Nitroetano

2. Hidrocarburos. Generalidades

1 Clasificación de hidrocarburos

Se llaman hidrocarburos aquellos compuestos constituidos exclusivamente por carbono e hidrógeno. Dentro de este tipo de compuestos podemos encontrar distintos grupos.

Hidrocarburos alifáticos o acíclicos

Son hidrocarburos de cadenas carbonadas abiertas, saturadas (enlace sencillo entre carbonos) o insaturadas (enlace/es dobles y/o triples). Existen dos tipos de cadenas abiertas:

- **Cadenas lineales:** todos los átomos de carbono se encuentran en una sola cadena.

$$CH_3 — CH_2 — CH_2 — CH_3 \qquad \text{Butano}$$

- **Cadenas ramificadas:** constituidas por dos o más cadenas lineales enlazadas. La cadena lineal más importante se denomina *cadena principal;* las cadenas que se enlazan con ella, *radicales*.

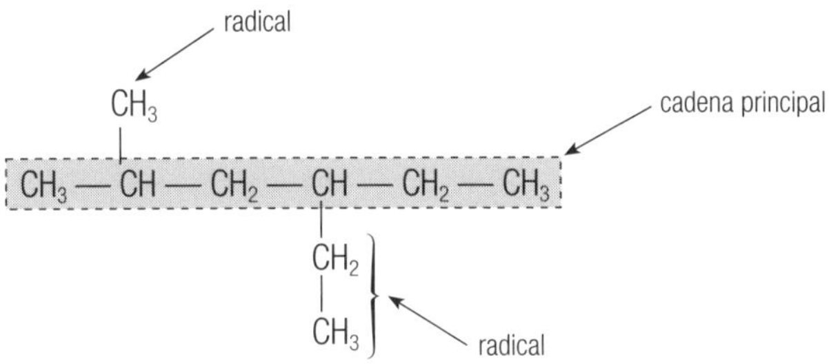

Hidrocarburos alifáticos

Aquellos que presentan su cadena carbonada abierta.

Hidrocarburos cíclicos

Son hidrocarburos de cadenas carbonadas cerradas, saturadas o insaturadas, que se forman al unirse dos átomos terminales de una cadena lineal. Reciben el nombre de *ciclos*.

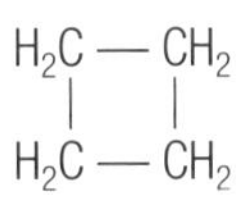

Ciclobutano (C_4H_8)

Existen *hidrocarburos policíclicos,* constituidos por varios ciclos unidos entre sí.

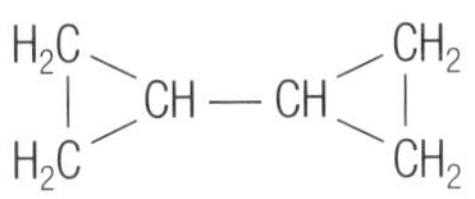

Biciclopropano (C_6H_{10})

Hidrocarburos cíclicos

Aquellos que presentan su cadena carbonada cerrada.

Hidrocarburos aromáticos o arenos

Son hidrocarburos formados tomando como base el anillo bencénico. Este anillo está constituido por seis átomos de carbono unidos por dobles enlaces conjugados, en las posiciones 1, 3 y 5 del anillo:

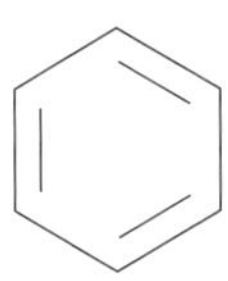

o, abreviadamente,

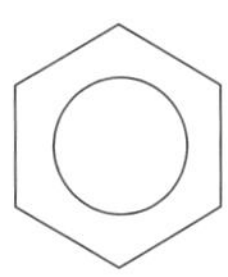

En el cuadro de la página anterior se encuentran clasificados los hidrocarburos en función del tipo de enlace que tienen: *simple, doble* o *triple,* los denominados *alcanos, alquenos* y *alquinos*.

Hidrocarburos aromáticos

Aquellos que poseen un anillo bencénico.

2 Hidrocarburos saturados: parafinas o alcanos

Alcanos

Hidrocarburos denominados parafinas por su baja reactividad. Todos los enlaces carbono-carbono son sencillos.

Se llaman hidrocarburos saturados o *alcanos* los compuestos constituidos por carbono e hidrógeno, que son de cadena abierta y unidos por enlaces sencillos.

En un principio se les denominó *parafinas* (del latín *parum affinis* 'que tiene poca afinidad') debido a su escasa reactividad.

2.1. Alcanos de cadena lineal

Su fórmula general es C_nH_{2n+2}, donde *n* es el número de átomos de carbono. Forman *series homólogas*, es decir, conjuntos de compuestos con propiedades químicas similares y que difieren en el número de átomos de carbono de la cadena.

Los alcanos, según las normas de la IUPAC, se nombran de la siguiente forma:

Met-	1 carbono
Et-	2 carbonos
Prop-	3 carbonos
But-	4 carbonos

- Los cuatro primeros compuestos reciben los nombres siguientes:

CH_4	*met*-ano
$CH_3 — CH_3$	*et*-ano
$CH_3 — CH_2 — CH_3$	*prop*-ano
$CH_3 — CH_2 — CH_2 — CH_3$	*but*-ano

  El prefijo *met-* indica un carbono; *et-,* dos carbonos; *prop-,* tres carbonos y *but-,* cuatro carbonos.

- Los compuestos siguientes se nombran utilizando como prefijos los numerales griegos que indican el número de átomos de carbono de la cadena, añadiéndoles la terminación *-ano,* que es genérica y se aplica a todos los hidrocarburos saturados (de ahí el nombre de alcanos). Aquí tienes algunos ejemplos:

Nomenclatura de alcanos

Se nombran añadiendo al prefijo correspondiente la terminación *-ano.*

Fórmula	Fórmula semidesarrollada	Nombre
C_5H_{12}	$CH_3 — CH_2 — CH_2 — CH_2 — CH_3$	*pent*-ano (penta = 5)
C_6H_{14}	$CH_3 — (CH_2)_4 — CH_3$	*hex*-ano (hex = 6)
C_7H_{16}	$CH_3 — (CH_2)_5 — CH_3$	*hept*-ano (hepta = 7)
C_8H_{18}	$CH_3 — (CH_2)_6 — CH_3$	*oct*-ano
C_9H_{20}	$CH_3 — (CH_2)_7 — CH_3$	*non*-ano
$C_{10}H_{22}$	$CH_3 — (CH_2)_8 — CH_3$	*dec*-ano
$C_{11}H_{24}$	$CH_3 — (CH_2)_9 — CH_3$	*undec*-ano
$C_{12}H_{26}$	$CH_3 — (CH_2)_{10} — CH_3$	*dodec*-ano
$C_{13}H_{28}$	$CH_3 — (CH_2)_{11} — CH_3$	*tridec*-ano

Normas IUPAC

Convenios acordados por la IUPAC *(International Union of Pure and Applied Chemistry)* para sistematizar la formulación y la nomenclatura de los compuestos químicos.

Si proseguimos con la serie anterior tenemos: tetradecano (14), pentadecano (15), hexadecano (16), heptadecano (17), octadecano (18), nonadecano (19), eicosano (20), eneicosano (21), docosano (22), tricosano (23), tetracosano (24)…

A continuación, como curiosidad, indicamos los nombres de los alcanos cuyo número de carbonos es múltiplo de 10: triacontano (30)…, tetracontano (40)..., pentacontano (50)..., hexacontano (60)..., heptacontano (70)..., octacontano (80)..., nonacontano (90)..., hectano (100) ...,

Si tienes interés en conocer el nombre de algún alcano en especial, puedes buscar en Internet; así, por ejemplo, el de 132 carbonos se denomina dotriacontahectano.

Ejercicios de aplicación

1 Nombra los siguientes compuestos:

a) $CH_3 — CH_2 — CH_2 — CH_3$

b) $CH_3 — CH_3$

c) $CH_3 — (CH_2)_5 — CH_3$

d) $CH_3 — (CH_2)_7 — CH_3$

e) $CH_3 — (CH_2)_8 — CH_3$

f) $CH_3 — CH_2 — CH_3$

g) $CH_3 — (CH_2)_9 — CH_3$

h) $CH_3 — (CH_2)_{10} — CH_3$

i) $CH_3 — (CH_2)_4 — CH_3$

j) $CH_3 — (CH_2)_{13} — CH_3$

k) $CH_3 — (CH_2)_{14} — CH_3$

l) $CH_3 — (CH_2)_{20} — CH_3$

2 Formula los siguientes compuestos:

a) Etano

b) Decano

c) Pentano

d) Undecano

e) Metano

f) Butano

g) Tridecano

h) Dodecano

i) Hexano

j) Propano

k) Nonano

l) Octadecano

m) Nonadecano

n) Heptano

Nomenclatura de radicales univalentes de hidrocarburos lineales saturados

Los radicales son grupos de átomos que se obtienen por pérdida de un átomo de hidrógeno en un hidrocarburo. Los radicales derivados de los alcanos por pérdida de un átomo de hidrógeno de un *carbono terminal* se nombran sustituyendo la terminación *-ano* por *-il* o *-ilo*.

Se prefiere la terminación *-ilo* cuando se considera el radical aislado; la terminación *-il* se usa cuando el radical está unido a una cadena carbonada. A continuación tienes una tabla con algunos ejemplos:

Molécula	Radical	Nombre
CH_4	$CH_3 —$	metil o metilo
$CH_3 — CH_3$	$CH_3 — CH_2 —$	etil o etilo
$CH_3 — CH_2 — CH_3$	$CH_3 — CH_2 — CH_2 —$	propil o propilo
$CH_3 — CH_2 — CH_2 — CH_3$	$CH_3 — CH_2 — CH_2 — CH_2 —$	butil o butilo
$CH_3 — CH_2 — CH_2 — CH_2 — CH_3$	$CH_3 — CH_2 — CH_2 — CH_2 — CH_2 —$	pentil o pentilo

Y así sucesivamente.

Radicales alcanos

Se nombran añadiendo al prefijo correspondiente el sufijo *-il*, o bien, *-ilo*.

Para nombrar un radical ramificado como el siguiente:

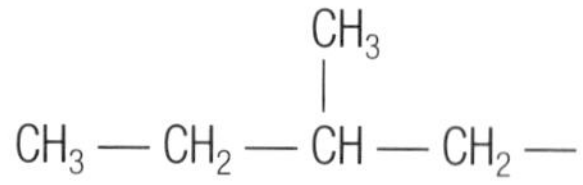

se considera que hay un grupo metilo unido a la cadena del radical, y para indicar el número que corresponde al átomo de carbono al que está unido, se numera la cadena *más larga* que contiene al átomo de carbono que ha perdido el átomo de hidrógeno asignándole a este el número 1. Dicho número, llamado *localizador*, se escribe delante del nombre del radical, separado de él por un guión. En el ejemplo anterior, el grupo metilo podría encontrarse en los siguientes lugares:

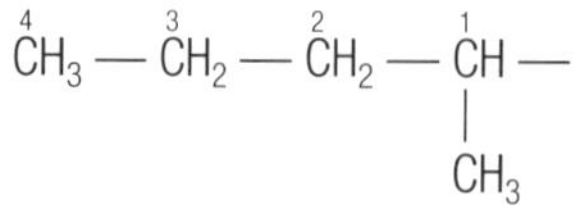

1-metilbutilo

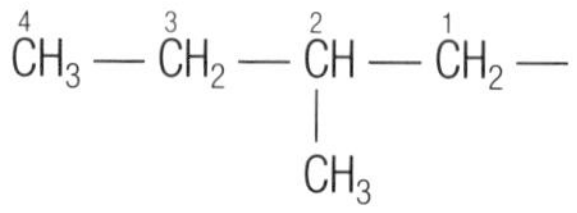

2-metilbutilo

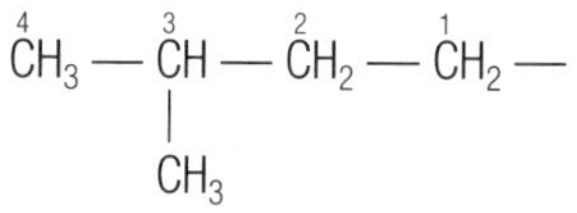

3-metilbutilo

Localizador

Número que se asigna a un radical ramificado para nombrarlo, que coincide con el número que ocupa, en la cadena principal, el átomo de carbono al que se une el radical.

Existen algunos radicales con nombres tradicionales admitidos por la IUPAC.

Nombres tradicionales de radicales admitidos por la IUPAC

Estructura iso	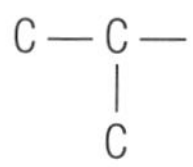	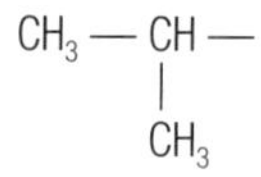	isopropil (metiletilo)
	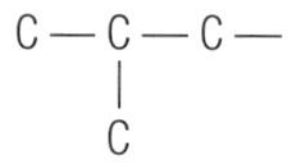	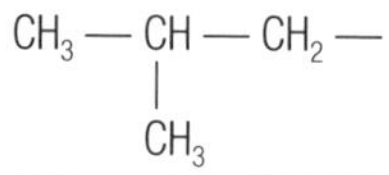	isobutilo (2-metilpropilo)
Estructura neo	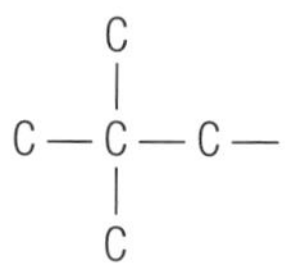	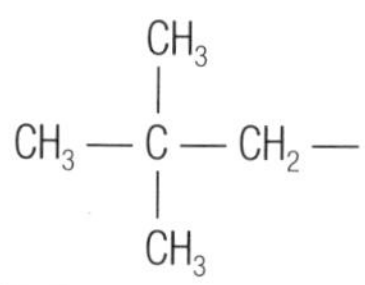	neopentilo (2,2-dimetilpropilo)
Estructura *sec-*	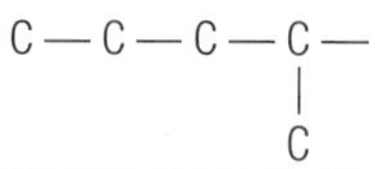	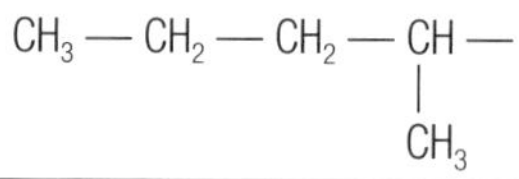	*sec*-pentilo (1-metilbutilo)
Estructura *terc-* (del latín tert-)	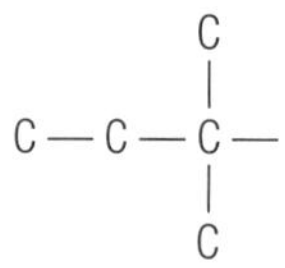	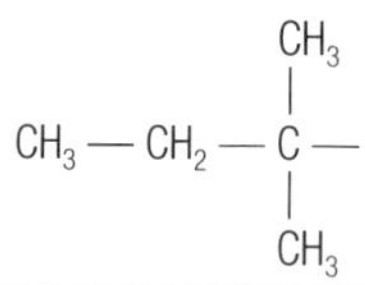	*terc*-pentilo (1,1-dimetilpropilo)

Prefijos de algunos radicales

Los prefijos *iso* y *neo* se anteponen al nombre del radical que está unido a un carbono primario; *sec-* para el radical unido a un carbono secundario, y *terc-* para el radical unido a un carbono terciario.

Como puedes comprobar, los cuatro prefijos admitidos por la IUPAC se anteponen al nombre del radical con la particularidad de que los prefijos *iso-* y *neo-* forman parte del nombre, mientras que los prefijos *sec-* (de secundario: el carbono 1 está unido a dos carbonos) y *terc-* (de terciario: el carbono 1 está unido a tres carbonos) son localizadores literales, es decir, desempeñan el papel de números.

Por esta razón, los prefijos *iso-* y *neo-* no se separan del resto del nombre por medio de un guión y sí los prefijos *sec-* y *terc-*, que, en los libros de texto, podrás observar se escriben, además, en letra cursiva.

3 Nombra los siguientes radicales:

a) 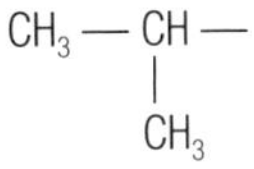

b) CH_3-CH_2-

c) 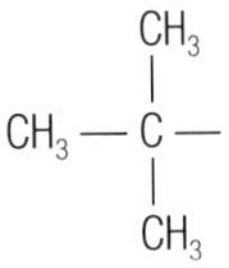

d) 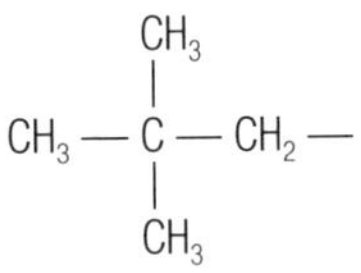

e) 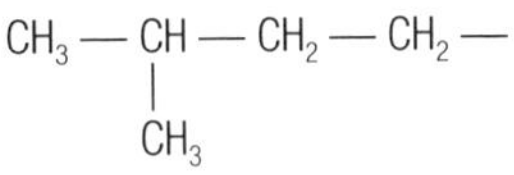

f) 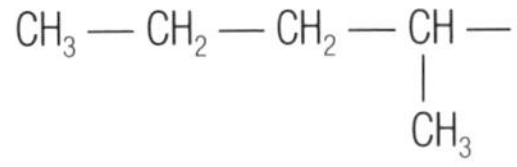

g) CH_3-

h) 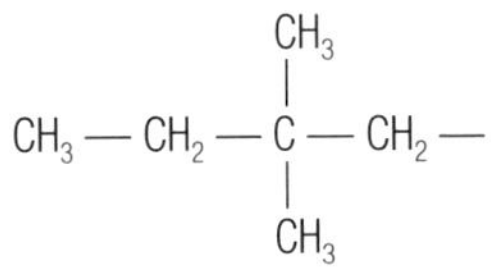

i) 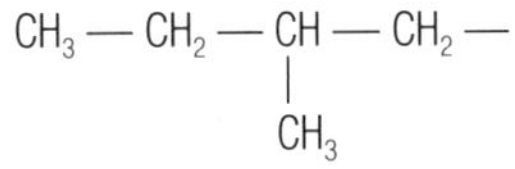

j) $CH_3-CH_2-CH_2-$

4 Formula los siguientes radicales:

a) 1,1-dimetilpropilo

b) 4-metilpentilo

c) 2-metilbutilo

d) 4,4,5,5-tetrametilheptilo

e) 2,2-dimetilpropilo

f) 1-metiletilo

g) 2-metilpropilo

h) 3-etil-4-metilhexilo

i) isopropil

j) *terc*-pentilo

2.2. Alcanos de cadena ramificada

Según las normas de la IUPAC, para nombrar alcanos de cadena ramificada se procede de la forma siguiente:

Cadena principal en alcanos

Se elige aquella que contiene el mayor número de átomos de carbono, es decir, la más larga.

- Se elige como cadena principal la que contenga el mayor número de átomos de carbono.
- Se numera la cadena elegida de un extremo a otro, de tal forma que se asignen los localizadores más bajos a los carbonos que posean cadenas laterales. Los radicales se nombran delante de la cadena principal en orden alfabético.

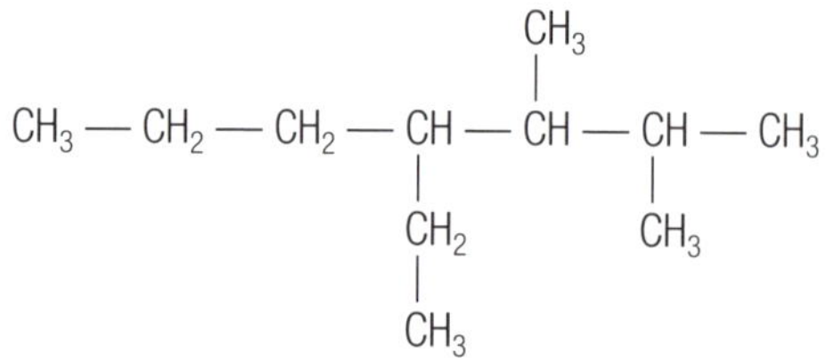

4-etil-2,3-dimetilheptano

Observa que:

Numeración de la cadena principal en alcanos

Se numera de forma que los radicales tengan los localizadores más bajos.

1.° Numeramos la cadena principal, empezando la numeración según el criterio indicado.

2.° Si al numerar la cadena principal, empezando por cualquiera de sus extremos, los sustituyentes están en los mismos números, se asigna el localizador menor a la primera cadena lateral que se cita en el nombre (por orden alfabético).

3.° Los localizadores se escriben delante del nombre del radical, separados entre sí por comas y del radical por un guión.

4.° Solo se pueden acumular localizadores que se refieren a radicales idénticos. En este caso, los localizadores se separan entre sí por comas y los nombres de los radicales llevan los prefijos *di-*, *tri-*, *tetra-*, etc., que indican cuántas veces aparece el radical en la molécula.

Radicales

Se nombran en orden alfabético.

5.° Los radicales se nombran en orden alfabético, y en último lugar el nombre de la cadena principal.

Por ejemplo:

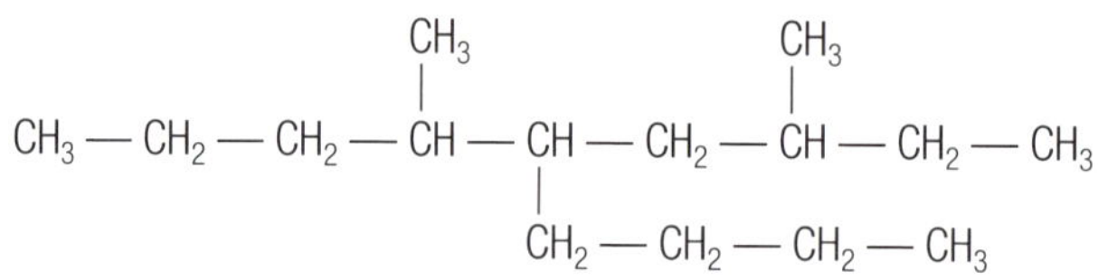

Prefijos multiplicativos

Los prefijos *di-*, *tri-*... que se anteponen al nombre del radical no se tienen en cuenta en el orden alfabético; sin embargo, en los radicales que a su vez estén ramificados sí se tiene en cuenta.

En este caso se pueden elegir tres cadenas de igual número de átomos de carbono; cuando esto ocurre, se toma como cadena principal la que tenga mayor número de cadenas laterales. Por tanto, la numeración y el nombre son:

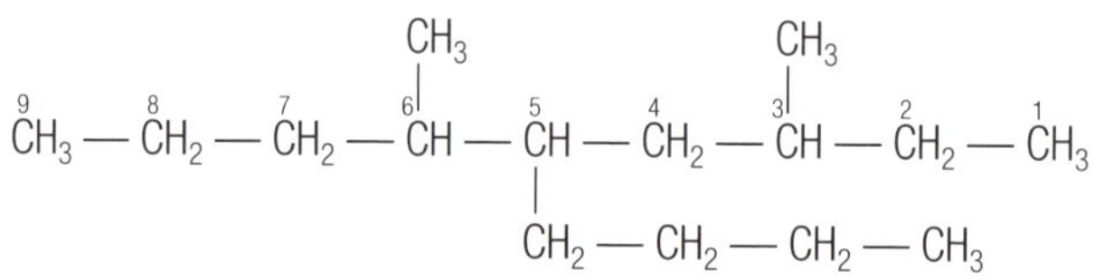

5-butil-3,6-dimetilnonano

En los radicales sencillos (no ramificados) no se tienen en cuenta los *prefijos multiplicativos* para el orden alfabético*. En el caso anterior nos fijamos en *but-* y en *met-*, y se prescinde del *di-*.

* Para la ordenación alfabética, tampoco se tienen en cuenta los prefijos tales como *sec-* y *terc-*.

Otros ejemplos:

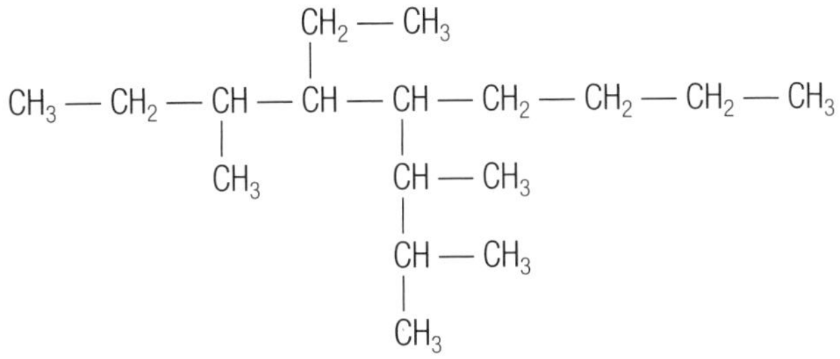

5-(1,2-dimetilpropil)-4-etil-3-metilnonano

Veamos otro caso:

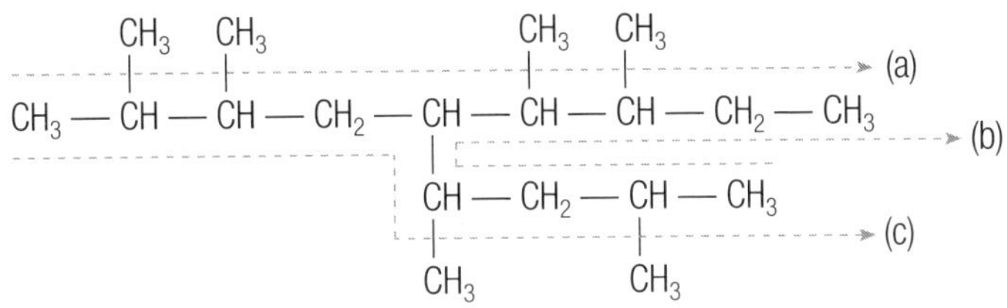

5-(1,3-dimetilbutil)-2,3,6,7-tetrametilnonano

En este ejemplo existen tres cadenas con el mismo número de carbonos (9) e igual número de radicales (5); elegimos como cadena principal aquella cuyos sustituyentes posean localizadores más bajos:

— Cadena (a): numeración empezando por la izquierda: 2, 3, 5, 6, 7.

— Cadena (b): numeración empezando por la derecha abajo: 2, 4, 5, 6, 7.

— Cadena (c): numeración empezando por la izquierda: 2, 3, 5, 6, 8.

Elegimos, por tanto, la cadena (a).

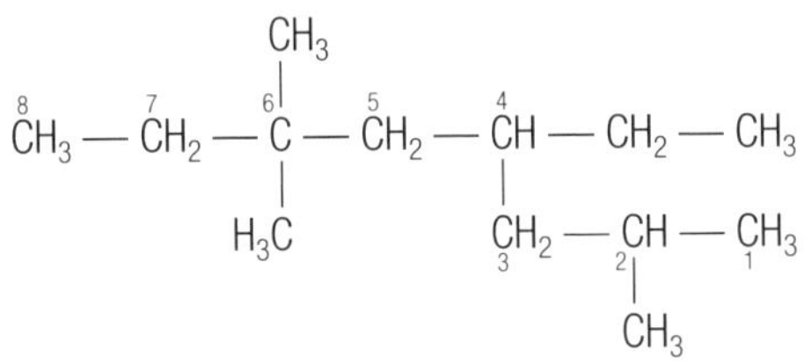

4-etil-2,6,6-trimetiloctano

Por último:

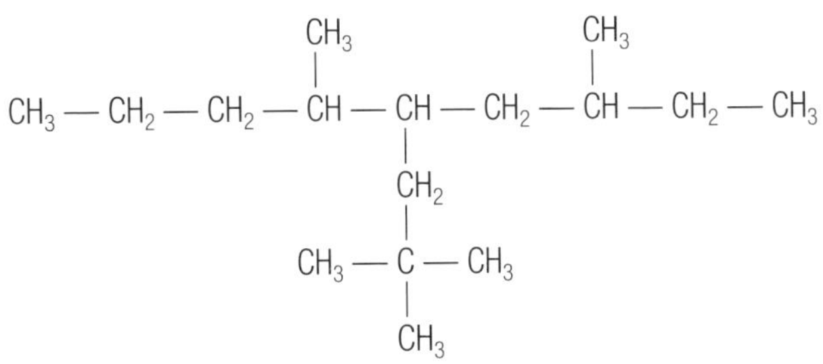

5-(2,2-dimetilpropil)-3,6-dimetilnonano

5 Nombra los siguientes alcanos:

a) 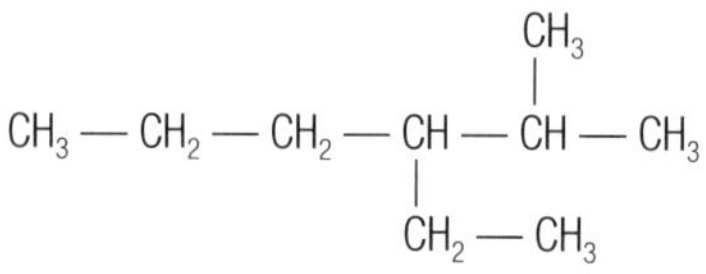

h) 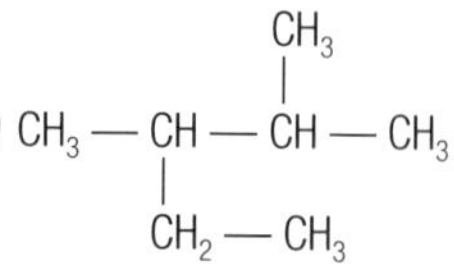

b) 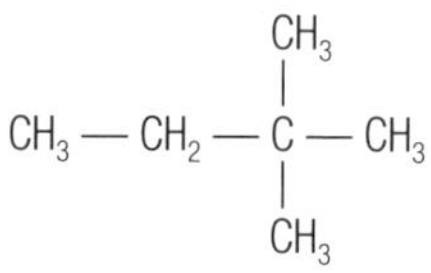

i) 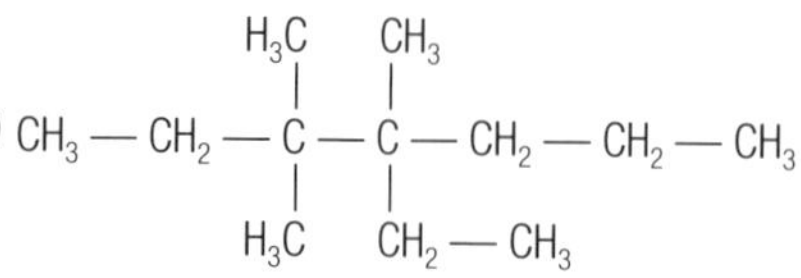

c) 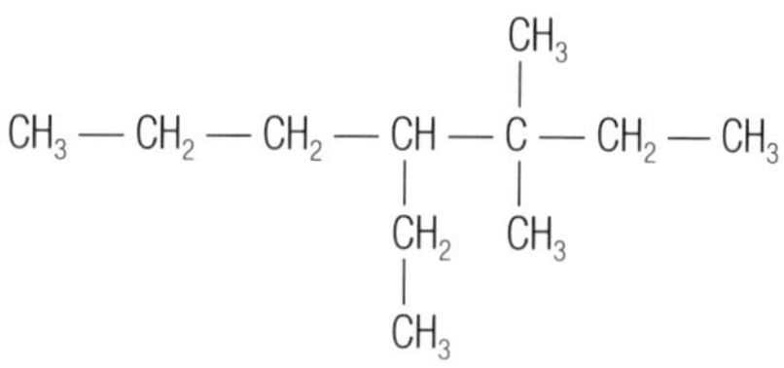

j) 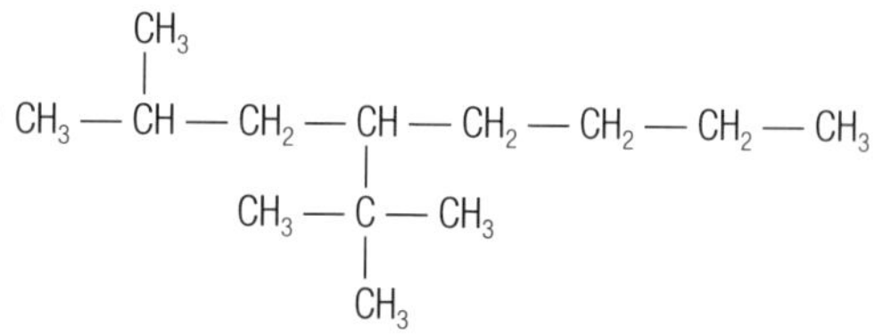

d) 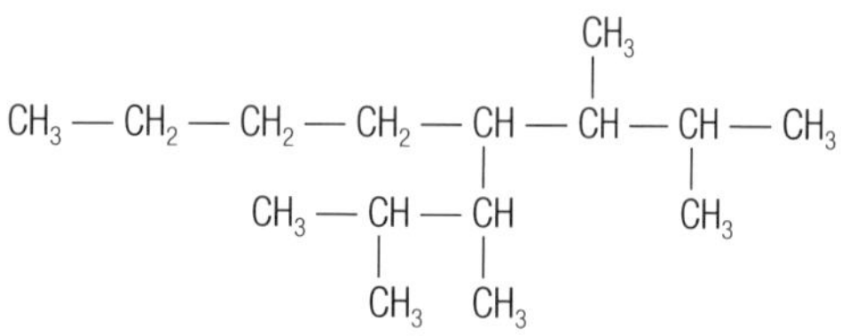

k) 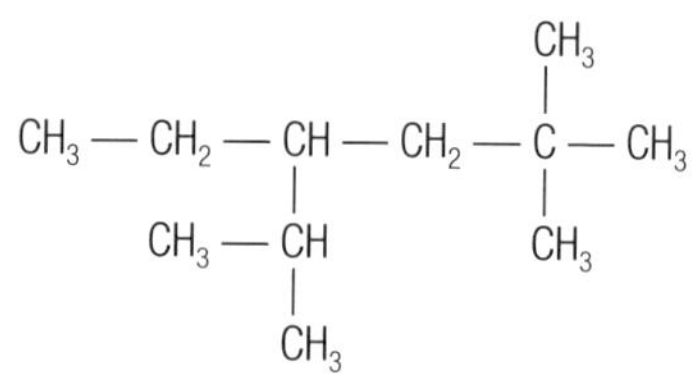

e) 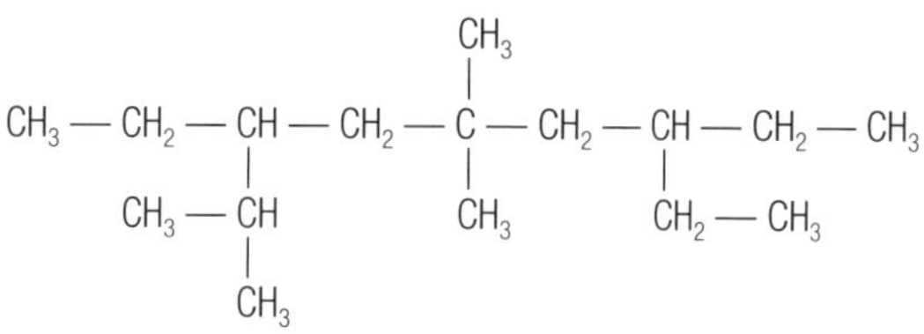

l) 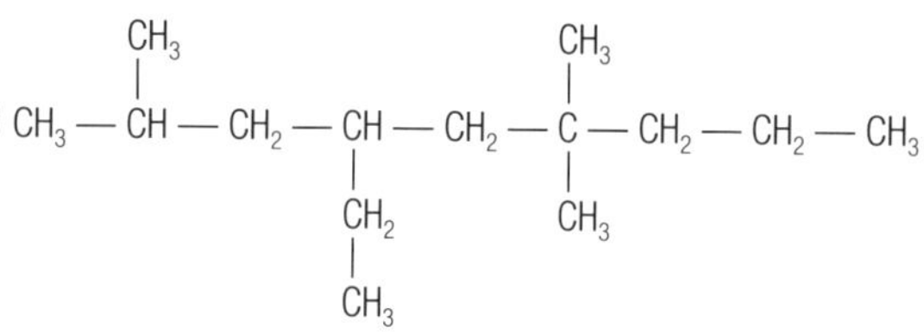

f) 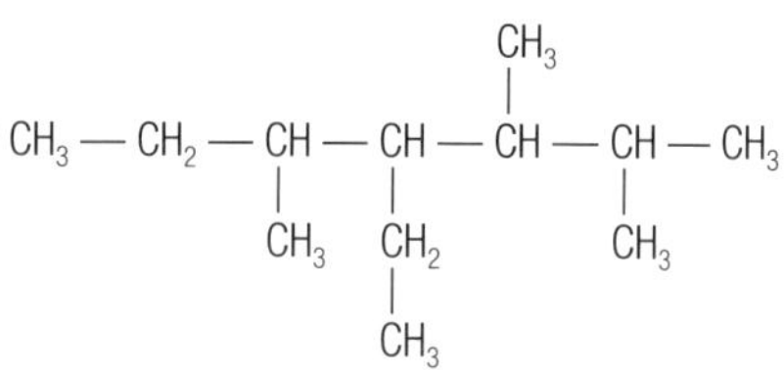

m) 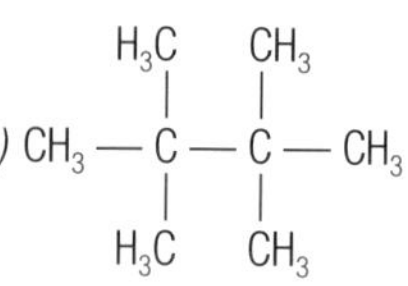

g) 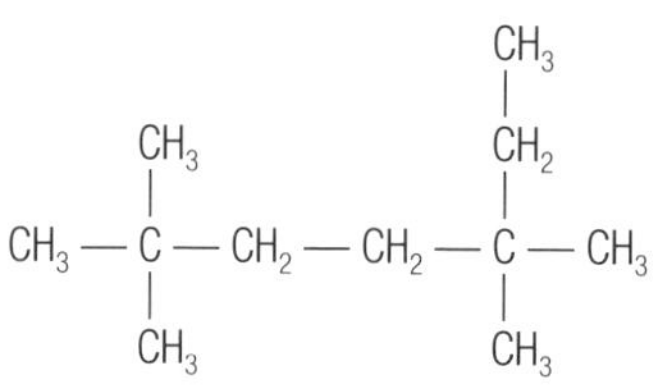

n) 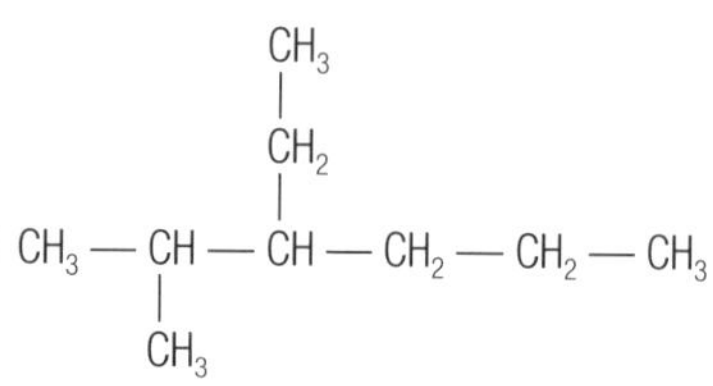

6 Formula los siguientes compuestos:

a) 2,2-dimetilpentano

b) 3,5-dimetilheptano

c) 3,3,6-trietil-6-metiloctano

d) 5-(2,2-dimetilpropil)-4-propilnonano

e) 4-etil-3,3-dimetilheptano

f) Hexametilpentano

g) 2,3-dimetil-5-propildecano

h) 4-etil-3-metildecano

i) 2,3,5-trimetil-4-propilheptano

j) 4-etil-2,5,7-trimetil-5-propilnonano

3 Hidrocarburos insaturados con dobles enlaces: alquenos u olefinas

Son hidrocarburos que presentan uno o más *dobles enlaces* entre los átomos de carbono de la cadena hidrocarbonada. La fórmula general, para compuestos que presentan un único doble enlace, es C_nH_{2n}.

$$CH_2{=}CH{-}CH_2{-}CH_3$$

Alquenos

Hidrocarburos que en su cadena principal presentan dobles enlaces.

3.1. Alquenos con un único doble enlace

Se nombran según las siguientes normas:

1.° Elige la cadena más larga que contiene el doble enlace y nombra añadiendo al prefijo correspondiente el sufijo *-eno*.

2.° Numera la cadena a partir del extremo que se encuentra más próximo al doble enlace. Su localizador corresponde al menor de los dos números asignados a los átomos de carbono unidos por el doble enlace.

3.° La posición del doble enlace o insaturación se indica mediante el localizador correspondiente que se coloca delante del nombre.

$$\overset{1}{CH_3}{-}\overset{2}{CH}{=}\overset{3}{CH}{-}\overset{4}{CH_2}{-}\overset{5}{CH_3}$$ 2-penteno

4.° Si existen radicales, toma como cadena principal la *más larga* de las *que contienen el doble enlace.* La numeración se realiza de forma que se asigne el localizador más bajo posible al carbono del doble enlace. Los radicales se nombran como alcanos con el sufijo *-il.*

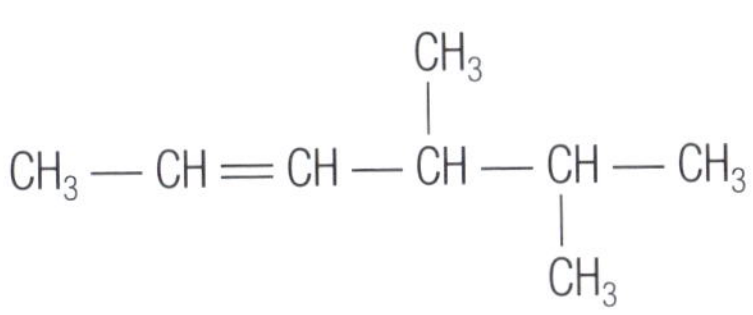

4,5-dimetil-2-hexeno

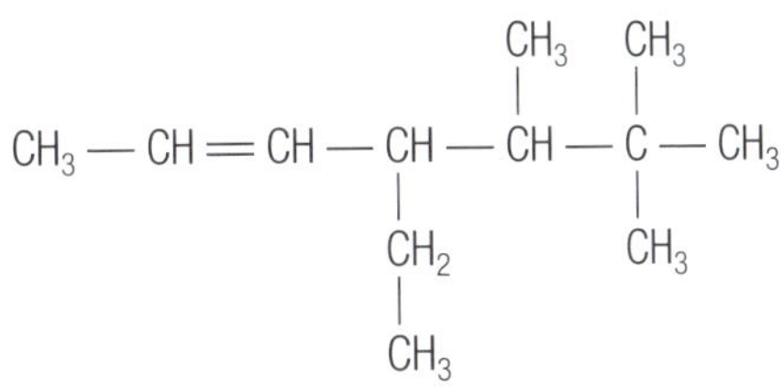

4-etil-5,6,6-trimetil-2-hepteno

Nomenclatura de alquenos

Se nombran añadiendo al prefijo correspondiente la terminación o sufijo *-eno.*

Cadena principal en alquenos

Se elige aquella que contiene el doble enlace y, si hay más de una, la que tenga el mayor número de átomos de carbono, es decir, la más larga que contiene al doble enlace.

7 Nombra los siguientes compuestos:

a) $CH_2 = CH - CH_3$

b) 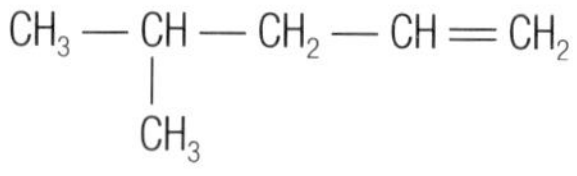

c) 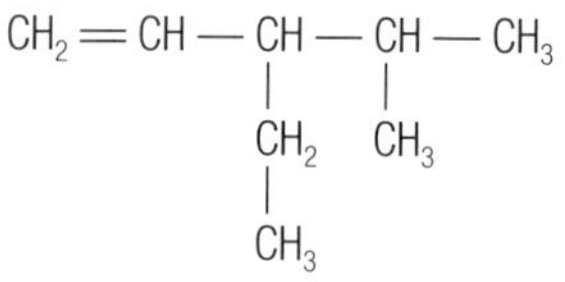

d) 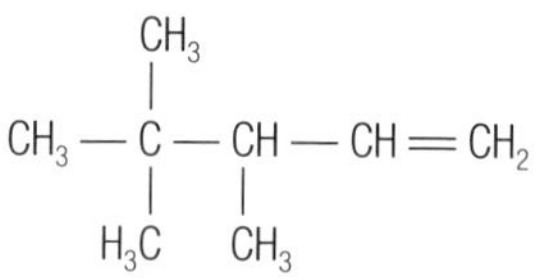

e) 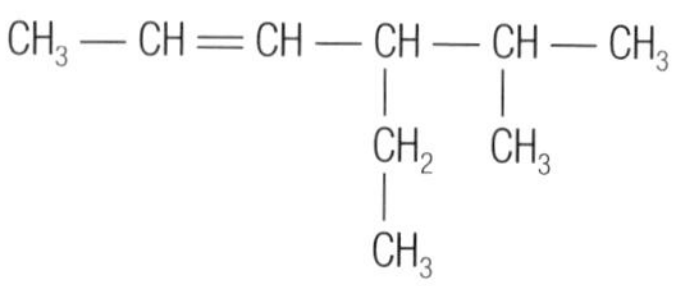

f) $CH_3 - CH = CH - CH_3$

g) 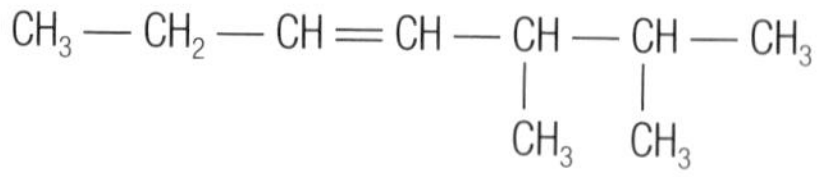

h) 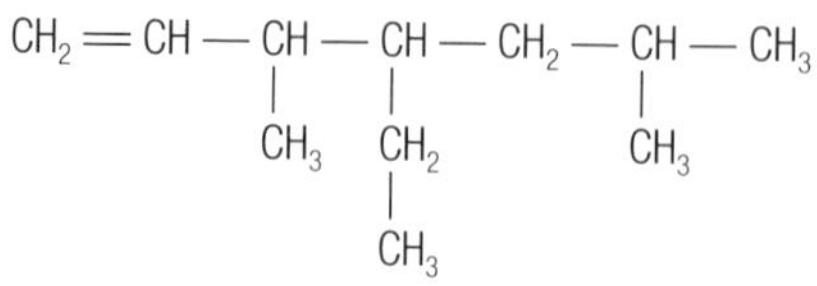

i) 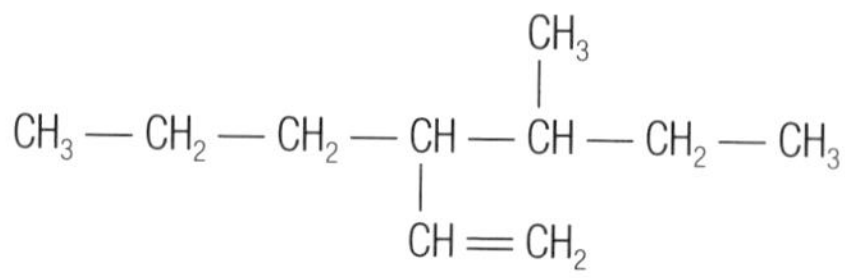

j) 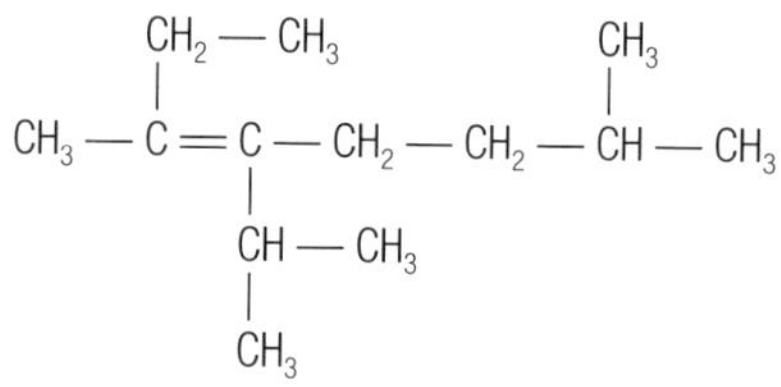

8 Formula los compuestos siguientes:

a) 2-penteno

b) 1-buteno

c) Eteno

d) 3,5-dimetil-2-hexeno

e) 2,3-dimetil-2-buteno

f) 3-hepteno

g) 2-hexeno

h) 3-deceno

i) 2,4-dimetil-3-hexeno

j) 4,4-dimetil-2-(1-metiletil)-2-penteno
(Formula este compuesto y comprueba si está bien nombrado. Si no es así escribe su nombre correcto).

3.2. Alquenos con varios dobles enlaces

Cuando un hidrocarburo contiene más de un doble enlace, se utilizan para nombrarlo las terminaciones: -*adieno*, -*atrieno*, etc., en lugar de la terminación *-eno**. Se numera la cadena asignando a los carbonos unidos por el doble enlace los localizadores más bajos posibles.

$$\overset{1}{CH_3}-\overset{2}{CH}=\overset{3}{CH}-\overset{4}{CH}=\overset{5}{CH}-\overset{6}{CH_2}-\overset{7}{CH_3}$$

2,4-hepta*dieno*

- Si el compuesto contiene radicales, estos se nombran como en los alcanos, eligiendo como cadena principal del hidrocarburo la que contenga el mayor número de *dobles enlaces,* aunque no sea la más larga.

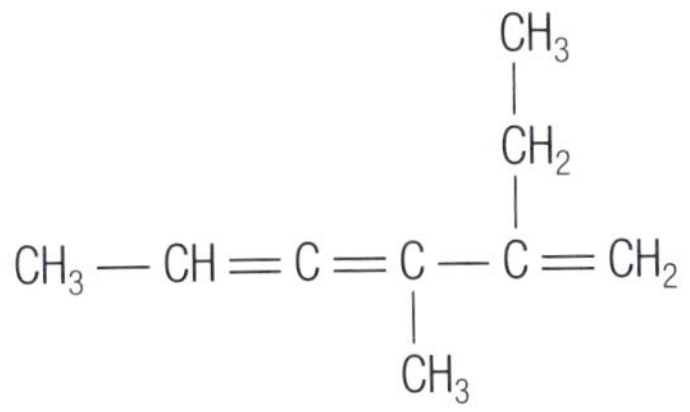

2-etil-3-metil-1,3,4-hexatrieno

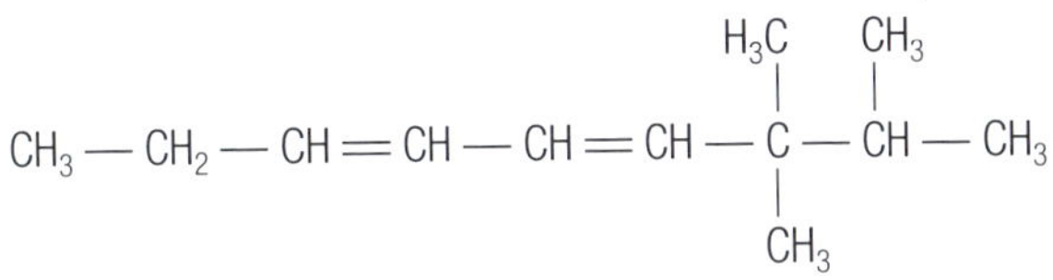

7,7,8-trimetil-3,5-nonadieno

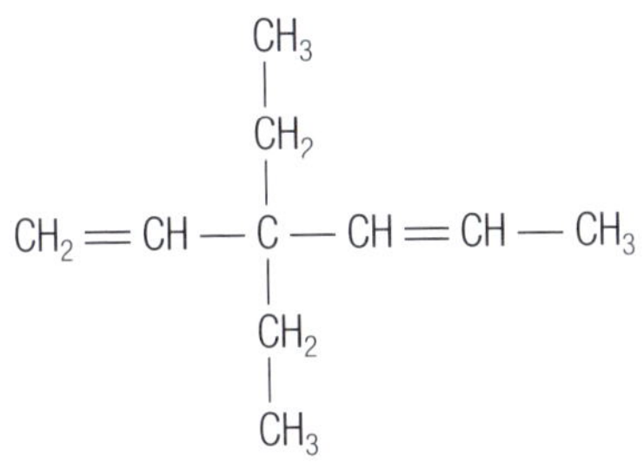

3,3-dietil-1,4-hexadieno

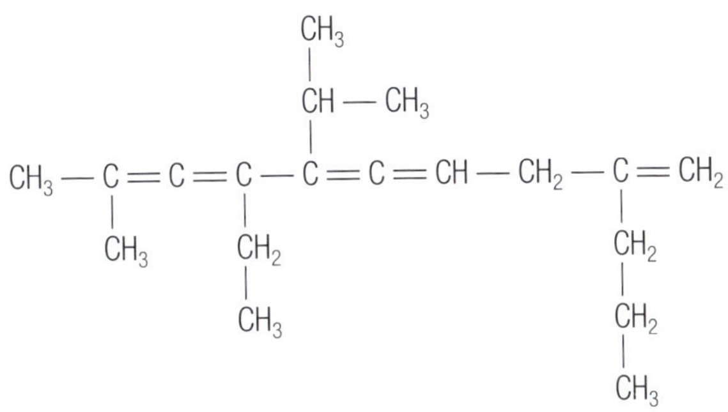

7-etil-9-metil-6-metiletil-2-propil-1,4,5,7,8-decapenteno

Numeración con varios dobles enlaces

Si en la cadena principal hay varios dobles enlaces, se nombran con prefijos numerales.

Cadena principal con varios dobles enlaces

Se elige aquella que contiene el mayor número de dobles enlaces y, si hay más de una, la que tenga el mayor número de átomos de carbono, es decir, la más larga que contenga mayor número de dobles enlaces.

* Las verdaderas terminaciones son *-dieno, -trieno,* etc. Se incluye en ellas la letra «a» para evitar nombres de fonética complicada.

9 Nombra los siguientes compuestos:

a) 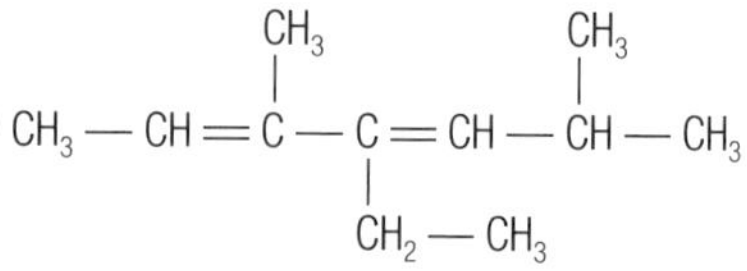

e) 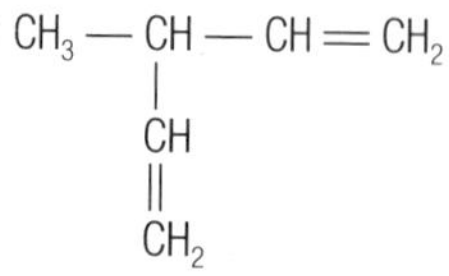

b) 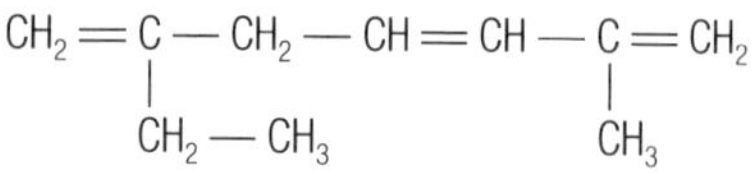

f) 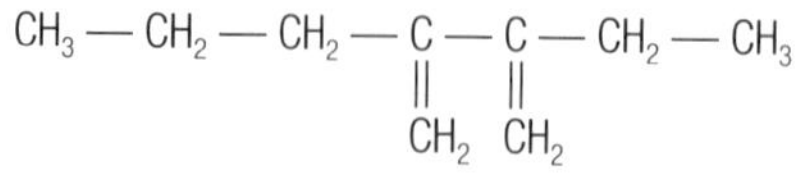

c) 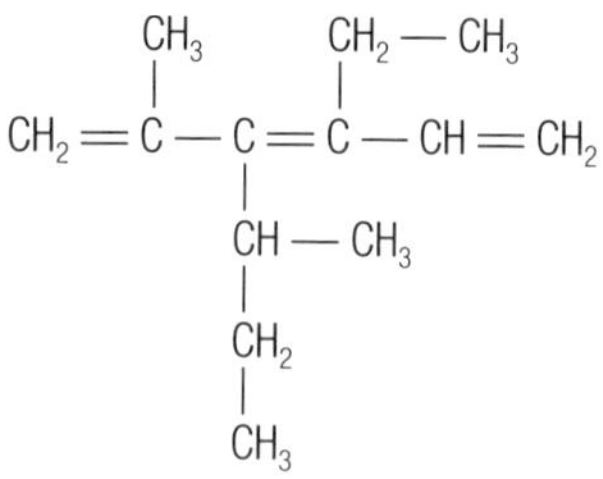

g) 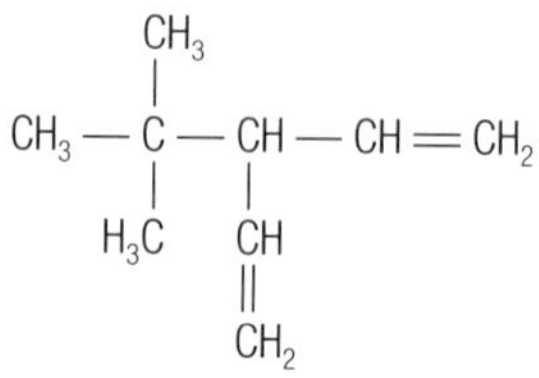

d) 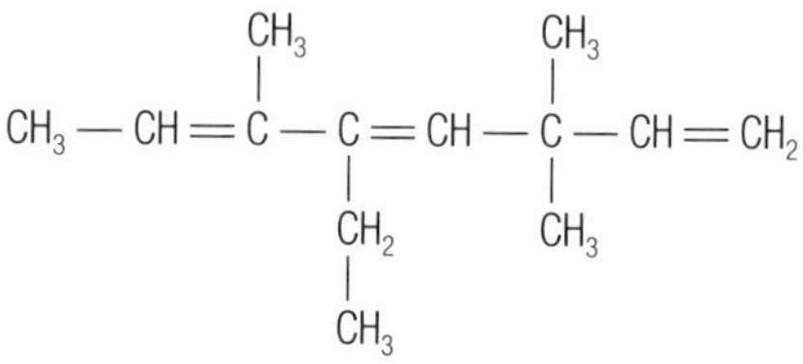

h) 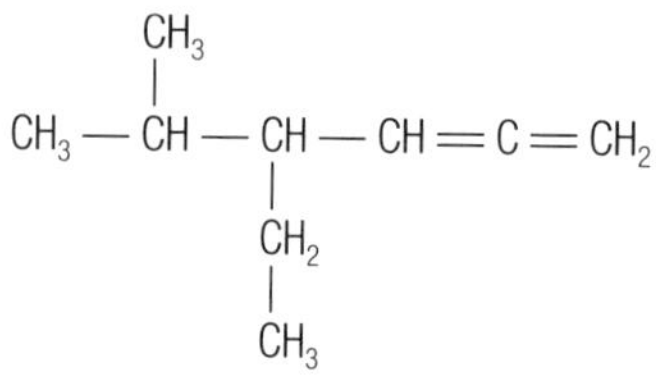

10 Formula los compuestos siguientes:

a) 1,3-pentadieno

e) 2-hexeno

b) 1,3,5-heptatrieno

f) 3-etil-2,3-dimetil-1,4-pentadieno

c) 5-etil-2,6-dimetil-2,3,4-octatrieno

g) 2,6-dimetil-2,3,4,5-octatetraeno

d) 3-etil-2,4-dimetil-3-hepteno

h) 4-etil-5-metil-2-hepteno

Nomenclatura de radicales univalentes derivados de alquenos lineales

Se obtienen a partir de los alquenos por pérdida de un átomo de hidrógeno de un *carbono terminal*. En la numeración del radical, el carbono con la valencia libre (por pérdida del átomo de hidrógeno) recibe el número 1. Se nombran anteponiendo el prefijo numeral correspondiente a la terminación *-enilo*.

$\overset{2}{C}H_2=\overset{1}{C}H-$	1-et*enilo* (etenilo o vinilo)
$\overset{3}{C}H_3-\overset{2}{C}H=\overset{1}{C}H-$	1-prop*enilo*
$\overset{4}{C}H_3-\overset{3}{C}H=\overset{2}{C}H-\overset{1}{C}H_2-$	2-but*enilo*
$\overset{5}{C}H_3-\overset{4}{C}H=\overset{3}{C}H-\overset{2}{C}H=\overset{1}{C}H-$	1,3-pentadi*enilo*

Radicales con dobles enlaces

Se nombran añadiendo al prefijo correspondiente la terminación o sufijo *-enilo*.

Ejercicios de aplicación

11 Nombra los radicales siguientes:

a) $CH_2=CH-$

b) $CH_2=CH-CH_2-$

c) 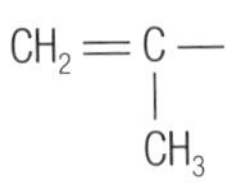

d) $CH_2=CH-CH=CH-$

e) $CH_2=C=C=CH-$

f) 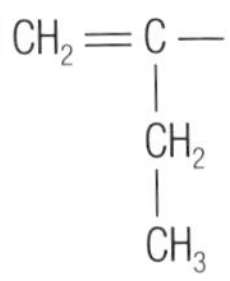

12 Nombra los siguientes compuestos:

a) 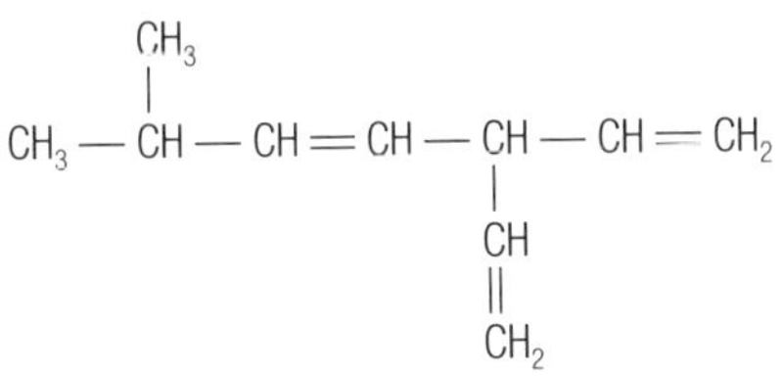

b) 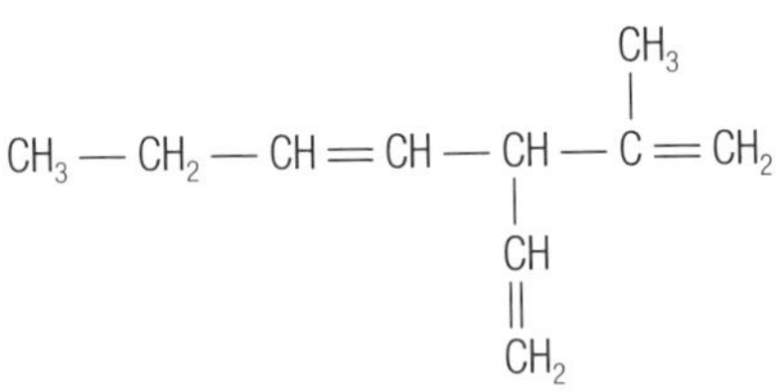

c) 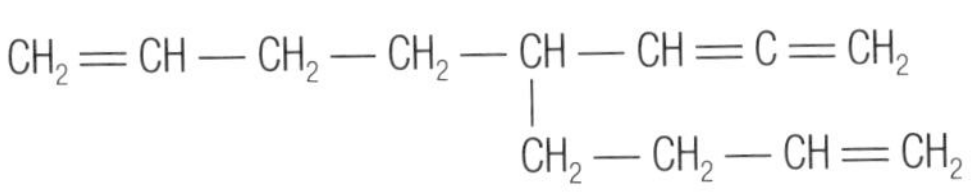

d) 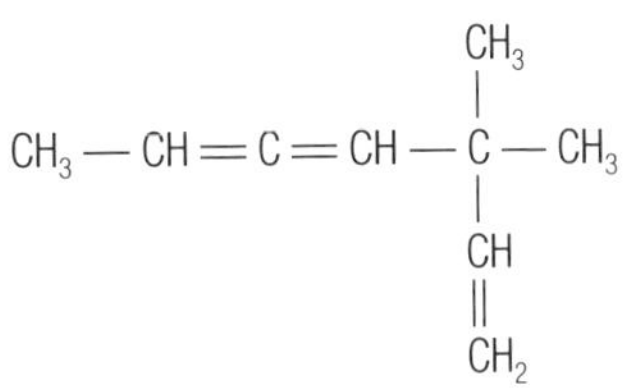

e) 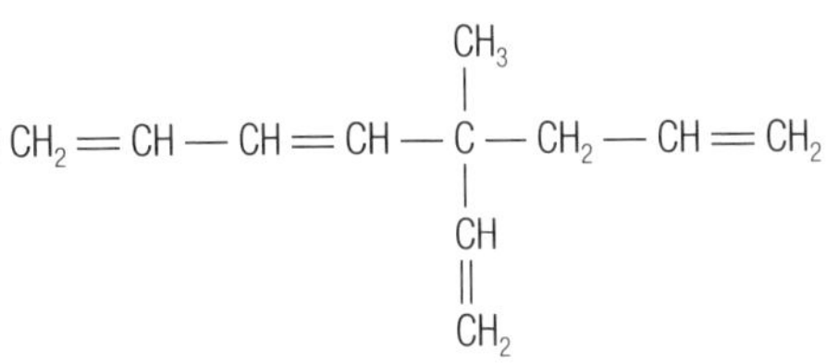

f) 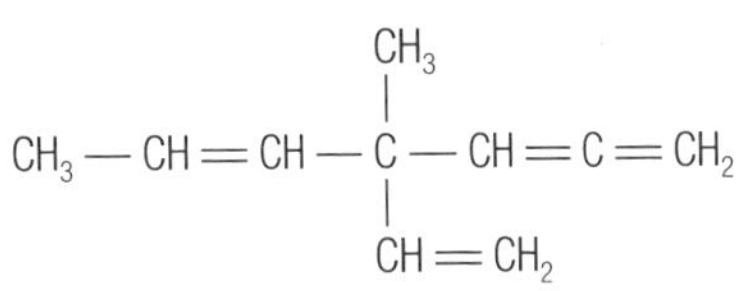

4 Hidrocarburos insaturados con triples enlaces: alquinos o acetilénicos

Alquinos

Hidrocarburos que en su cadena principal presentan triples enlaces.

Son hidrocarburos que presentan uno o más triples enlaces entre los átomos de carbono. La fórmula general, para hidrocarburos con un solo triple enlace, es C_nH_{2n-2}.

$$CH_3 — C \equiv C — CH_2 — CH_3$$

4.1. Alquinos con un solo triple enlace

Nomenclatura de alquinos

Se nombran añadiendo al prefijo correspondiente la terminación o sufijo *-ino*.

Se nombran de acuerdo con las siguientes normas:

1.° Elige la cadena más larga del hidrocarburo que contiene el triple enlace y coloca la terminación *-ino*.

2.° Numera la cadena a partir del extremo más próximo al triple enlace.

3.° La posición de este se indica mediante el localizador correspondiente, que será el menor de los dos números asignados a los dos átomos de carbono unidos por el triple enlace. El localizador se coloca delante del nombre.

$$\overset{1}{C}H_3 — \overset{2}{C} \equiv \overset{3}{C} — \overset{4}{C}H_2 — \overset{5}{C}H_3$$

2-pentino

$$\overset{5}{C}H_3 — \overset{4}{C}H_2 — \overset{3}{C}H_2 — \overset{2}{C} \equiv \overset{1}{C}H$$

1-pentino

Cadena principal en alquinos

Se elige aquella que contiene el triple enlace y, si hay más de una, la que tenga el mayor número de átomos de carbono, es decir, la más larga que contiene al triple enlace.

4.° Si existen radicales, toma como cadena principal la *más larga que contenga el triple enlace.* La numeración se realiza de modo que corresponda al átomo de carbono con triple enlace el localizador más bajo posible. Los radicales se nombran como en los alcanos terminados en *-il.*

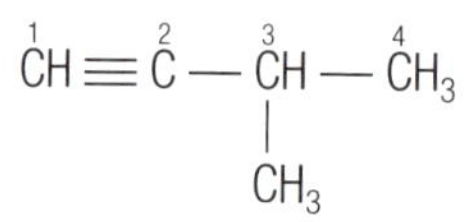

3-metil-1-butino

En este caso no es necesario indicar los localizadores, puesto que no existe otra posibilidad; por tanto, podría nombrarse también como metilbutino.

Veamos un par de ejemplos:

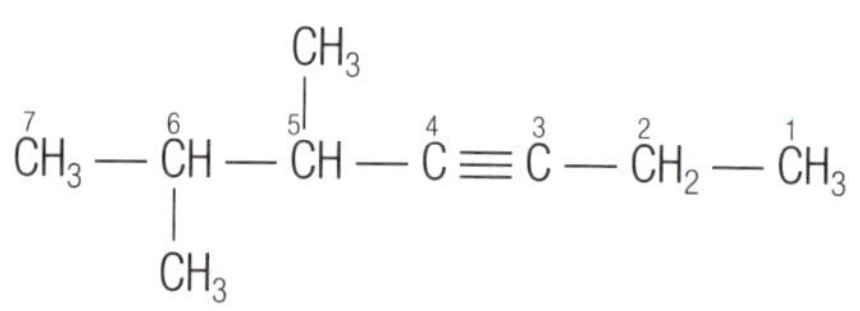

5,6-dimetil-3-heptino

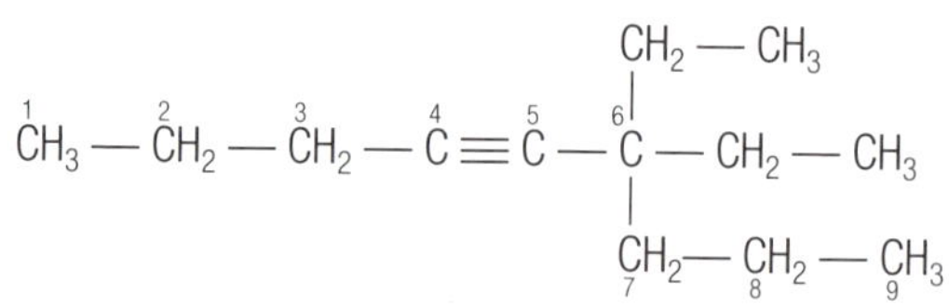

6,6-dietil-4-nonino

13 Nombra los compuestos siguientes:

a) 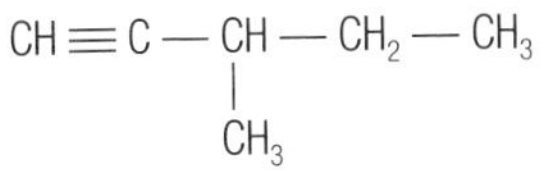

b) 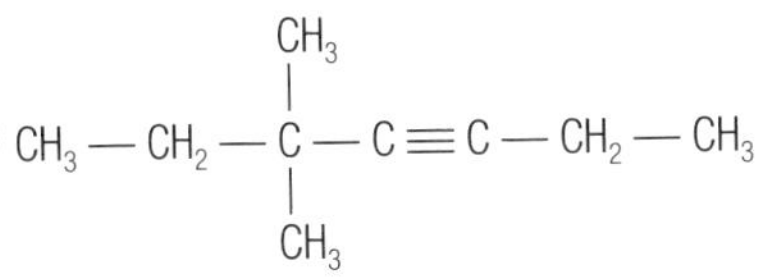

c) 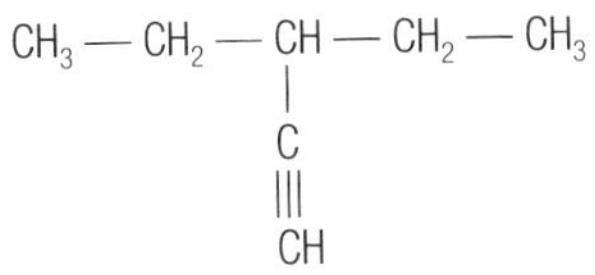

d) 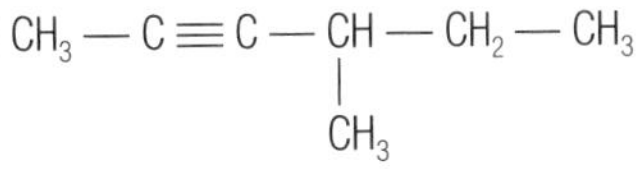

e) 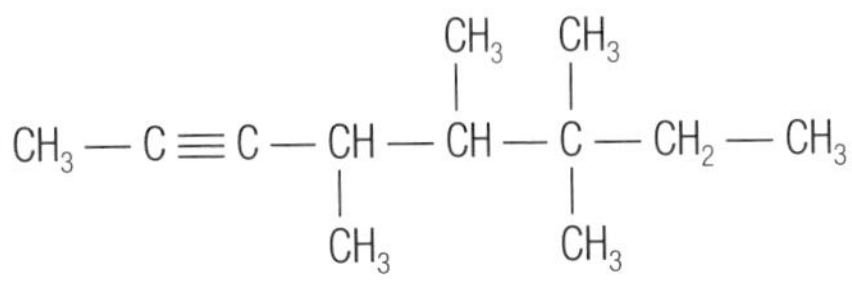

f) 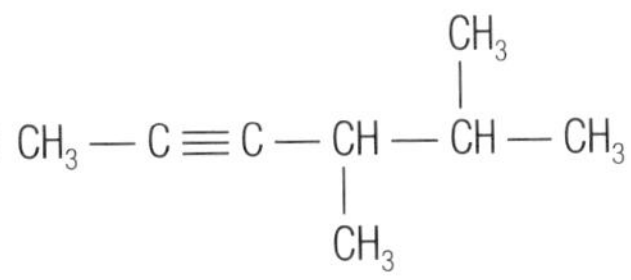

14 Formula los siguientes compuestos:

a) Propino

b) 3-hexino

c) 4-dimetiletil-7-metil-1-octino

d) 2-heptino

e) 5,6-dimetil-3-heptino

f) 5-etil-6-(1-metilpropil)-3-decino

4.2. Alquinos con varios triples enlaces

Si en un compuesto existen dos o más triples enlaces, para nombrarlo, se utilizan las terminaciones *-adiino, -atriino,* etc., en lugar de la terminación *-ino**. Se numera la cadena asignando a los carbonos con triple enlace los localizadores más bajos posible.

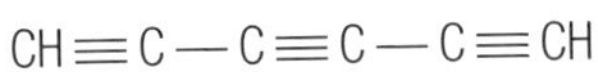 1,3,5-hexatriino

- Si el compuesto contiene radicales, estos se nombran como en los alcanos, eligiendo como cadena principal del hidrocarburo la que contenga el mayor número de *triples enlaces,* aunque no sea la más larga.

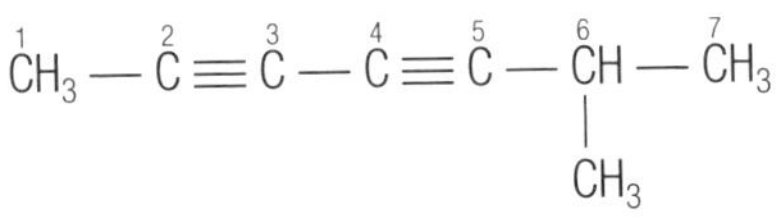 6-metil-2,4-heptadiino

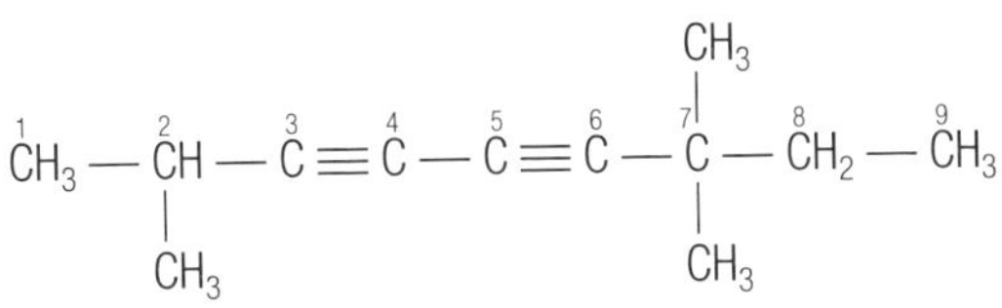 2,7,7-trimetil-3,5-nonadiino

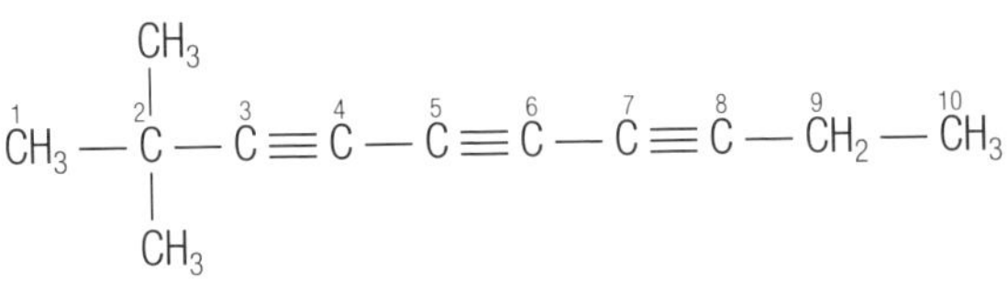 2,2-dimetil-3,5,7-decatriino

Numeración con varios triples enlaces

Si en la cadena principal hay varios triples enlaces, se nombran con prefijos numerales.

Cadena principal con varios triples enlaces

Se elige aquella que contiene el mayor número de triples enlaces y, si hay más de una, la que tenga el mayor número de átomos de carbono, es decir, la más larga que contenga el mayor número de triples enlaces.

* Las verdaderas terminaciones son *-diino, -triino,* etc. Se incluye en ellas la letra «a» para evitar nombres de fonética complicada.

Ejercicios de aplicación

15 Nombra los compuestos siguientes:

a) $CH \equiv C - C \equiv CH$

b) 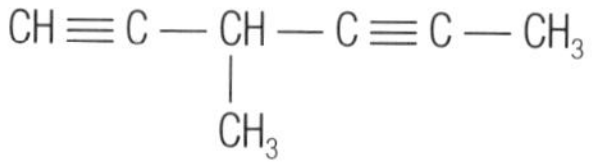

c) 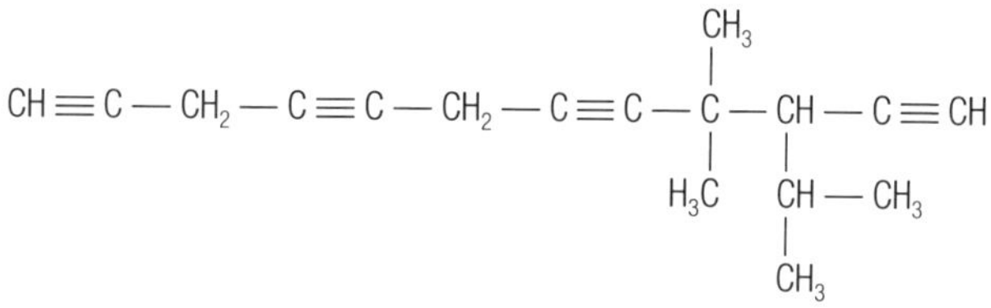

d) $CH \equiv C - C \equiv C - C \equiv CH$

e) 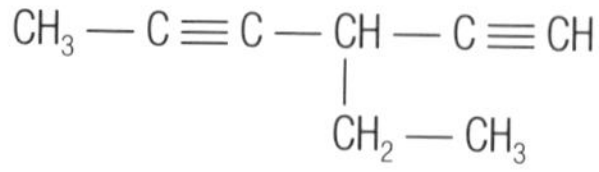

f) 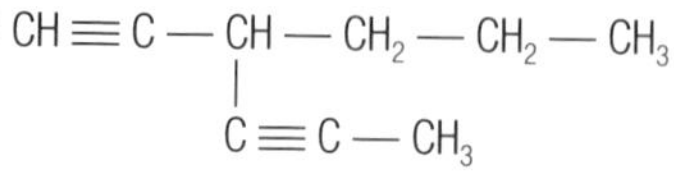

16 Formula los siguientes compuestos:

a) 2,5-heptadiino

b) 4-metil-5-propil-2,6-octadiino

c) 3-propil-1,5-heptadiino

d) 4-etil-3-metil-1,7-octadiino

e) 3-propil-1,4-hexadiino

f) 9,9-dimetil-10-metiletil-1,4,7,11-dodecatetraino

Radicales con triples enlaces

Se nombran añadiendo al prefijo correspondiente la terminación o sufijo *-inilo*.

Nomenclatura de radicales univalentes derivados de alquinos lineales

Se obtienen a partir de los alquinos por pérdida de un átomo de hidrógeno de un *carbono terminal*. En la numeración, a este carbono terminal se le asigna el número 1.

- Si los radicales contienen uno o varios *triples enlaces*, se nombra anteponiendo el prefijo numeral correspondiente a la terminación *-inilo*.

$\overset{2}{C}H \equiv \overset{1}{C} -$	et*inilo*
$\overset{3}{C}H_3 - \overset{2}{C} \equiv \overset{1}{C} -$	1-prop*inilo*
$\overset{5}{C}H_3 - \overset{4}{C} \equiv \overset{3}{C} - \overset{2}{C} \equiv \overset{1}{C} -$	1,3-pentadi*inilo*

Prioridad

Los dobles enlaces son prioritarios frente a los triples.

- Si los radicales presentan *dobles* y *triples enlaces*, se nombran primero los *dobles enlaces* unidos al nombre del radical, y luego los *triples*, señalando su posición con localizadores. Se suprime la «o» de la terminación *-eno*.

$\overset{7}{C}H_3 - \overset{6}{C}H = \overset{5}{C}H - \overset{4}{C} \equiv \overset{3}{C} - \overset{2}{C}H = \overset{1}{C}H -$	1,5-heptadien-3-inilo
$\overset{4}{C}H_2 = \overset{3}{C}H - \overset{2}{C} \equiv \overset{1}{C} -$	3-buten-1-inilo
$\overset{8}{C}H_3 - \overset{7}{C}H = \overset{6}{C} = \overset{5}{C}H - \overset{4}{C} \equiv \overset{3}{C} - \overset{2}{C}H = \overset{1}{C}H -$	1,5,6-octatrien-3-inilo

17 Nombra los radicales siguientes:

a) $CH \equiv C - C \equiv C -$

b) $CH \equiv C -$

c) $CH_3 - C \equiv C - C \equiv C -$

d) $CH_2 = CH - C \equiv C -$

e) $CH \equiv C - CH = CH - CH_2 -$

f) $CH_3 - \underset{\underset{CH_3}{|}}{C} = CH - C \equiv C -$

18 Formula los radicales siguientes:

a) 2-propinilo

b) 4-penten-2-inilo

c) 3-pentinilo

d) 1,4-hexadiinilo

e) 1-buten-3-inilo

f) 4-etil-4-metil-1-hexen-5-inilo

4.3. Hidrocarburos insaturados con dobles y triples enlaces

Son hidrocarburos que contienen uno o más *dobles enlaces* y uno o más *triples enlaces*. Se nombran primero los dobles enlaces y luego los triples, señalando su posición por medio de localizadores. Se suprime la «o» de la terminación *-eno*.

Podemos distinguir dos posibilidades:

Nomenclatura de hidrocarburos con dobles y triples enlaces

Se nombran primero los dobles enlaces y después los triples.

Hidrocarburos de cadena lineal

La numeración de la cadena es la que asigne los menores localizadores a las insaturaciones (enlaces dobles y triples), independientemente de que se trate de dobles o triples enlaces.

$$\overset{7}{C}H \equiv \overset{6}{C} - \overset{5}{C}H_2 - \overset{4}{C}H = \overset{3}{C}H - \overset{2}{C} \equiv \overset{1}{C}H \qquad \text{3-hepten-1,6-diino}$$

Si se empieza a numerar por la izquierda, los localizadores de los dobles y triples enlaces son 1, 4, 6; si se empieza por la derecha, esos localizadores son 1, 3, 6. Esta última es la que se elige por ser la que da la numeración más baja.

El problema se plantea cuando, empezando a numerar por la izquierda o por la derecha, los localizadores de las instauraciones coinciden. En este caso se da preferencia a la numeración que asigne a los *enlaces dobles* los localizadores *más bajos*.

Numeración de dobles y triples enlaces

Se asignan a los dobles enlaces los localizadores más bajos.

$$\overset{1}{C}H_2 = \overset{2}{C}H - \overset{3}{C} \equiv \overset{4}{C}H \qquad \text{1-buten-3-ino}$$

Empezando a numerar por la izquierda o por la derecha coinciden los localizadores en 1 y 3. Se numera empezando por la izquierda por corresponder el localizador más bajo al doble enlace.

Por ejemplo:

$$\overset{7}{C}H \equiv \overset{6}{C} - \overset{5}{C}H = \overset{4}{C}H - \overset{3}{C}H = \overset{2}{C}H - \overset{1}{C}H_3 \qquad \text{2,4-heptadien-6-ino}$$

$$\overset{6}{C}H \equiv \overset{5}{C} - \overset{4}{C}H = \overset{3}{C}H - \overset{2}{C}H = \overset{1}{C}H_2 \qquad \text{1,3-hexadien-5-ino}$$

$$\overset{7}{C}H_3 - \overset{6}{C} \equiv \overset{5}{C} - \overset{4}{C} \equiv \overset{3}{C} - \overset{2}{C}H = \overset{1}{C}H_2 \qquad \text{1-hepten-3,5-diino}$$

$$\overset{1}{C}H_2 = \overset{2}{C}H - \overset{3}{C}H = \overset{4}{C}H - \overset{5}{C} \equiv \overset{6}{C} - \overset{7}{C}H = \overset{8}{C}H_2 \qquad \text{1,3,7-octatrien-5-ino}$$

Cadena principal en hidrocarburos no lineales

Se elige aquella que contiene más dobles y triples enlaces y, si hay más de una, la que tenga el mayor número de átomos de carbono y, si hay varias, la que tenga más dobles enlaces.

Hidrocarburos de cadena no lineal

Se elige como cadena principal aquella que posee el *mayor número* de *dobles* y *triples* enlaces en su conjunto. En el caso de que existan varias cadenas con igual número de enlaces dobles y triples, se elige como principal la que *mayor número de átomos de carbono* posee. Si se encuentran varias con igual número de átomos de carbono, se elige la que posea la *mayor cantidad de dobles* enlaces.

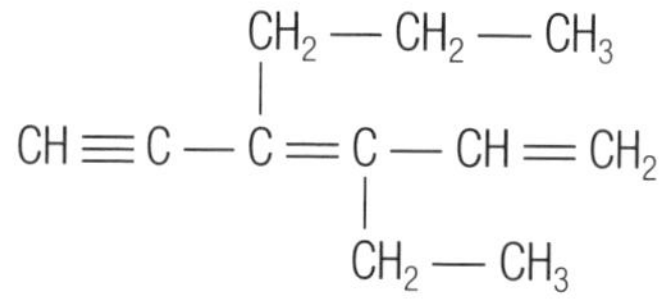

3-etil-4-propil-1,3-hexadien-5-ino

Si las cadenas laterales son ramificadas, se escriben entre paréntesis los localizadores y los nombres de dichas cadenas complejas. Los localizadores que preceden al paréntesis indican la posición de la cadena lateral.

Por ejemplo:

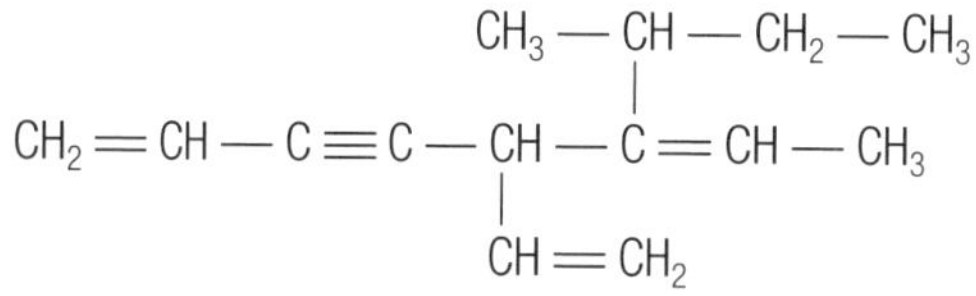

5-etenil-6-(1-metilpropil)-1,6-octadien-3-ino

En este caso, existen dos cadenas con el mismo número de insaturaciones, una de ocho átomos de carbono y otra de siete. Se elige como cadena principal la que posee mayor número de átomos de carbono (la de ocho).

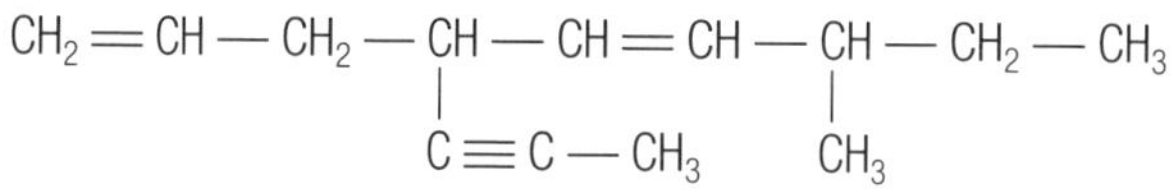

7-metil-4-(1-propinil)-1,5-nonadieno

En este compuesto hay dos cadenas con dos insaturaciones cada una y ambas con nueve átomos de carbono. Prevalece como principal la que tiene dos enlaces dobles sobre la que posee uno doble y uno triple.

Veamos algunos ejemplos:

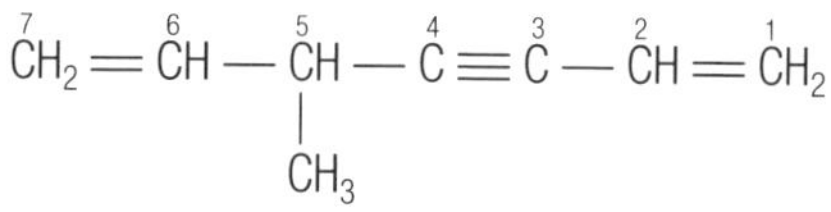

5-metil-1,6-heptadien-3-ino

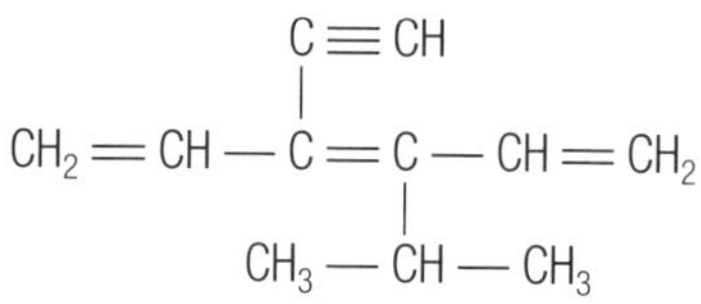

3-etinil-4-metiletil-1,3,5-hexatrieno, o
3-etinil-4-isopropil-1,3,5-hexatrieno

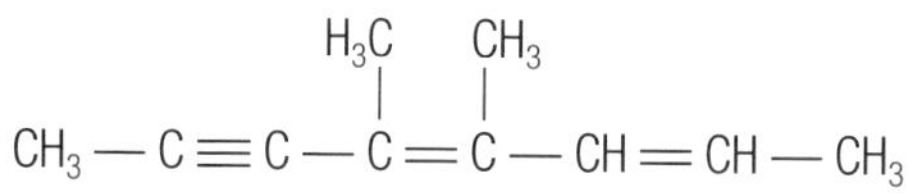

4,5-dimetil-2,4-octadien-6-ino

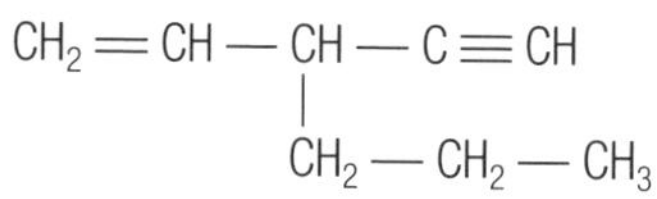

3-propil-1-penten-4-ino

19 Nombra los compuestos siguientes:

a) 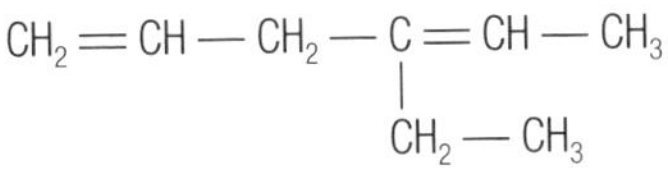

b) 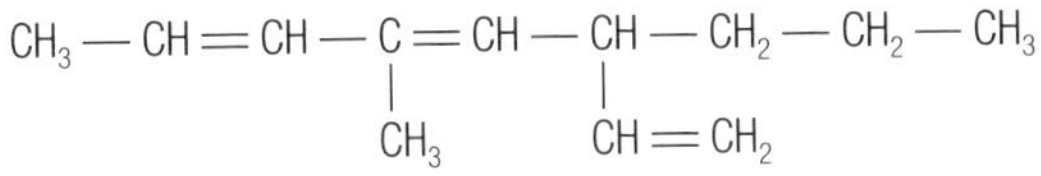

c) 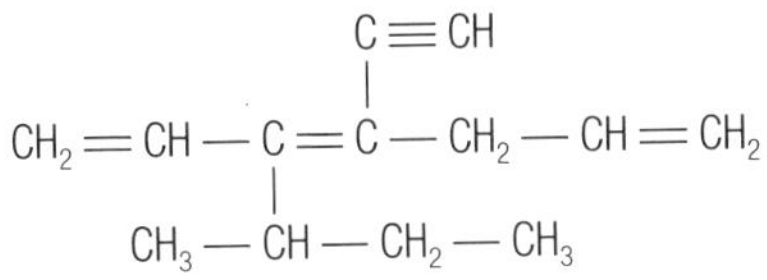

d) 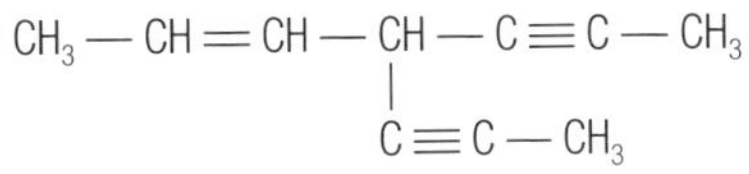

e) 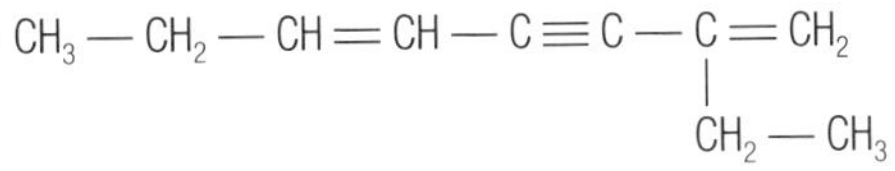

f) 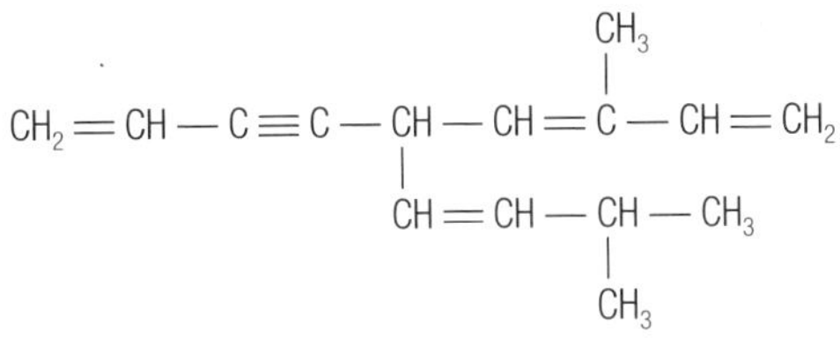

20 Formula los siguientes compuestos:

a) 5,5-dimetil-1,3-hexadieno

b) 6-metil-6-propil-2,4,7-nonatrieno

c) 1-buten-3-ino

d) 2,4-dimetil-4-(2-metilpropil)-2-hepten-5-ino

e) 3-metil-5-(3-metil-1-butenil)-1,3,8-nonatrien-6-ino

f) 3,4-dietil-4-hexen-1-ino

g) 3-metil-4-metiletil-2,5-heptadieno

h) 6-etenil-3-etinil-3,6-dimetil-1-octen-4,7-diino

5 Hidrocarburos alicíclicos

Son hidrocarburos de cadena cerrada. Según posean o no insaturaciones, se clasifican en:

— *Hidrocarburos monocíclicos saturados* (cicloalcanos).

— *Hidrocarburos monocíclicos no saturados* (cicloalquenos y cicloalquinos).

5.1. Hidrocarburos monocíclicos saturados

Los átomos de carbono del hidrocarburo cíclico se encuentran unidos por enlaces sencillos. Responden a la fórmula general C_nH_{2n}. Se nombran anteponiendo el prefijo *ciclo-* al nombre del alcano de cadena abierta de igual número de átomos de carbono.

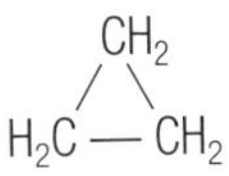

Ciclopropano

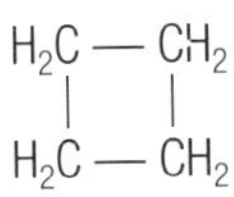

Ciclobutano

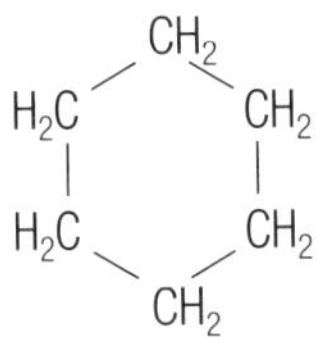

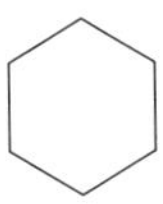

Ciclohexano

De forma abreviada, también se representan mediante el polígono correspondiente.

Hidrocarburos alicíclicos

Aquellos que presentan su cadena carbonada cíclica.

Nomenclatura de cicloalcanos

Se nombran anteponiendo el prefijo *ciclo-* al nombre del alcano correspondiente.

Radicales de cicloalcanos

Se nombran añadiendo al prefijo del cicloalcano correspondiente el sufijo *-il*, o bien, *-ilo*.

Numeración de radicales en cicloalcanos

Se asignan al conjunto de radicales los localizadores más bajos.

Nomenclatura de radicales univalentes de cicloalcanos

Los radicales o grupos univalentes derivados de los cicloalcanos por pérdida de un átomo de hidrógeno se nombran como en los alcanos acíclicos, es decir, sustituyendo la terminación *-ano* por *-ilo*.

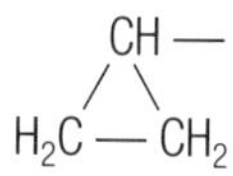

Ciclopropilo

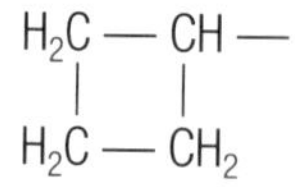

Ciclobutilo

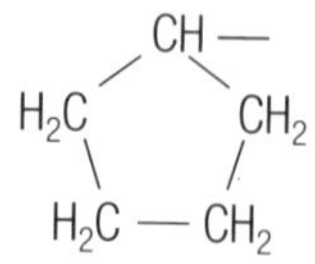

Ciclopentilo

Cicloalcanos con radicales

Los cicloalcanos sustituidos (que tienen radicales unidos al ciclo) se nombran como derivados de los hidrocarburos cíclicos. El ciclo se numera de manera que se asignen los localizadores más bajos al conjunto de los radicales. En casos sencillos, se pueden nombrar como derivados de un compuesto de cadena abierta.

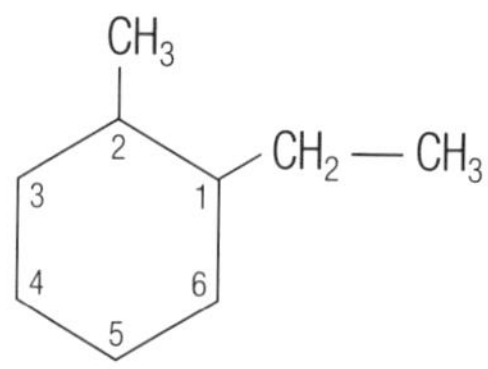

1-etil-2-metilciclo-hexano

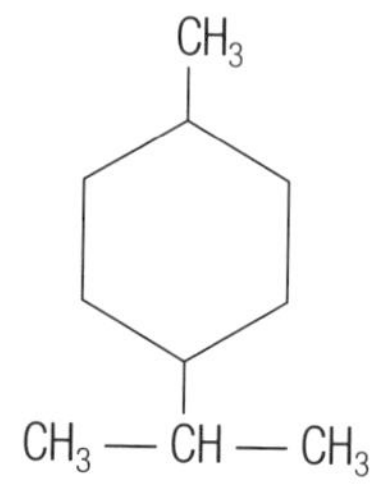

1-metil-4-metiletilciclo-hexano

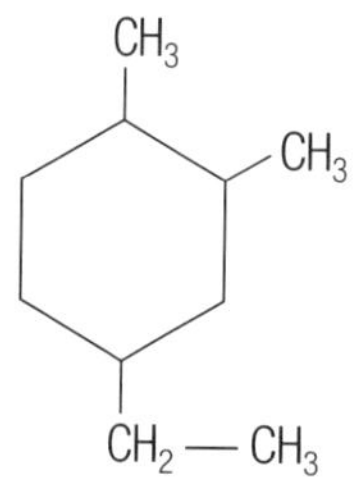

4-etil-1,2-dimetilciclo-hexano

Ejercicios de aplicación

21 Nombra los siguientes compuestos:

a)

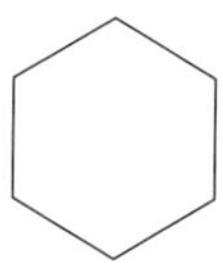

b)

c)

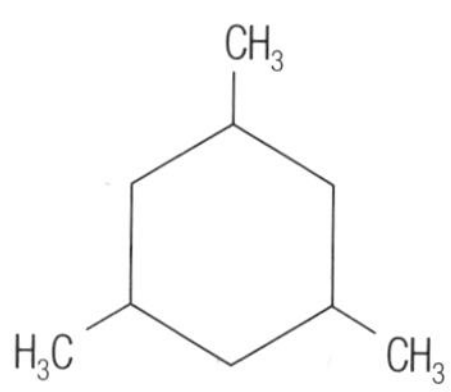

d)

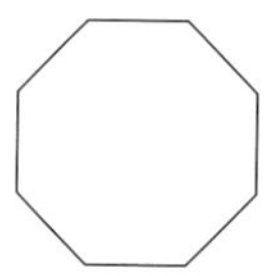

e)

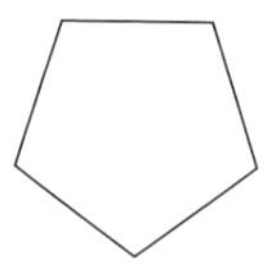

f)

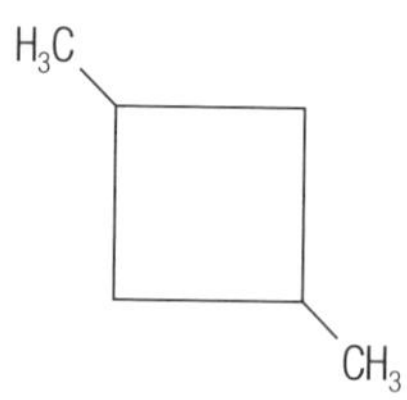

Ejercicios de aplicación

22 Formula los compuestos y radicales siguientes:

a) Metilciclobutano

b) Ciclopentilo

c) 1,2-dietil-3-metilciclohexano

d) Ciclohexilo

e) 2-etil-1,3-dimetilciclobutano

f) 1-etil-2-metilciclopentano

g) 1,2,3,5-tetrametilciclohexano

h) 1,1-dietilciclopentano

5.2. Hidrocarburos monocíclicos no saturados

Son hidrocarburos cíclicos con uno o más *dobles enlaces* o uno o más *triples enlaces* entre sus átomos de carbono.

El ciclo se numera de tal forma que se asignen los localizadores más bajos a las insaturaciones, prescindiendo de que sean enlaces dobles o triples. En caso de igualdad, debe optarse por la numeración que asigne números más bajos a los dobles enlaces. La numeración del ciclo se hace en el sentido de las agujas del reloj o en el contrario, con tal de conseguir la condición expresada anteriormente.

Se nombran anteponiendo el prefijo *ciclo-* y la terminación *-eno* o *-ino.*

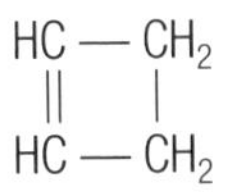

Ciclobuteno

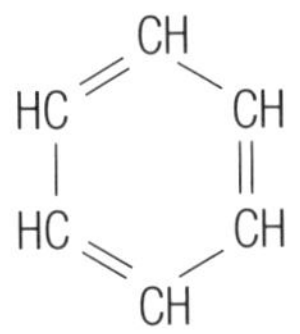

1,3,5-ciclohexatrieno (Benceno)

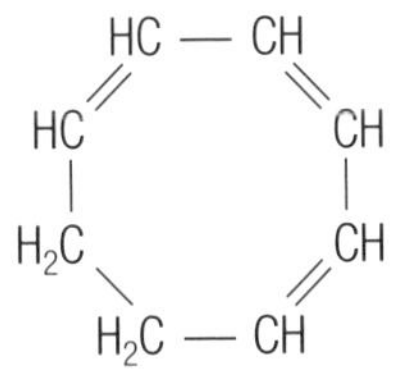

1,3,5-ciclooctatrieno

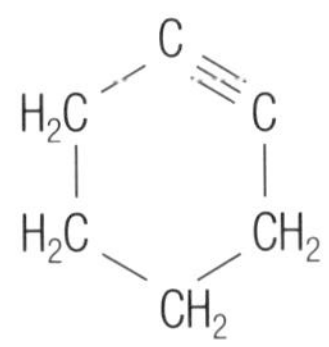

Ciclohexino

Nomenclatura de hidrocarburos cíclicos no saturados

Se nombran anteponiendo el prefijo *ciclo-* al nombre del alqueno o alquino correspondiente.

Ejercicios de aplicación

23 Formula los compuestos siguientes:

a) 1,3-cicloheptadien-5-ino

b) 1,3,5-ciclooctatrieno

c) 1-ciclohexen-3-ino

d) Ciclobutino

e) 1,3-ciclohexadien-5-ino

f) 2-metil-1,3-ciclohexadieno

24 Nombra los siguientes compuestos:

a) 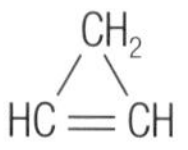

d) 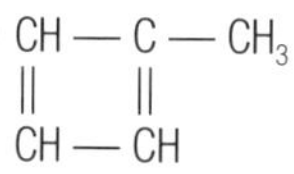

b) 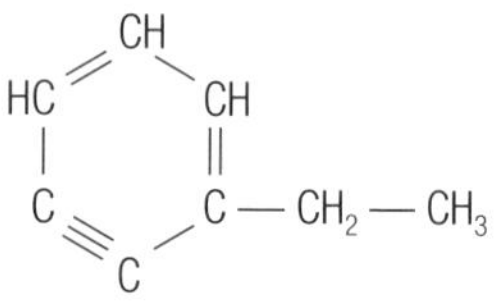

e) 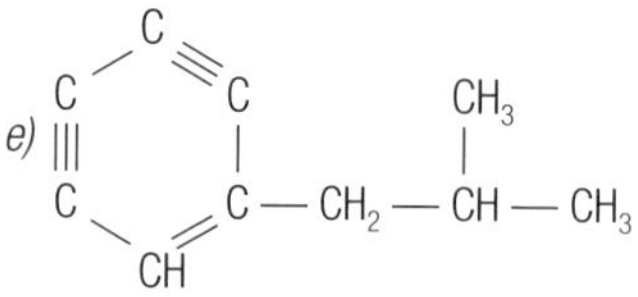

c) 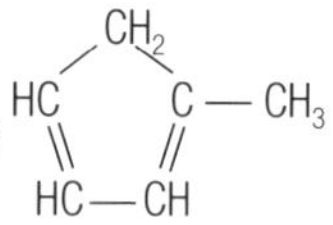

f) 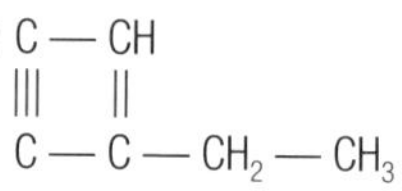

Radicales de cicloalquenos y cicloalquinos

Se nombran añadiendo al prefijo del cicloalqueno o cicloalquino correspondiente el sufijo *-enil,* o bien, *-inilo.*

Nomenclatura de radicales univalentes de cicloalquenos y cicloalquinos

Derivan de los hidrocarburos cíclicos no saturados por pérdida de un átomo de hidrógeno en un átomo de carbono.

Se nombran como los hidrocarburos de que proceden, sustituyendo las terminaciones *-eno* e *-ino* por *-enilo* e *-inilo,* respectivamente.

Las posiciones de los dobles y triples enlaces se indican mediante localizadores; se asigna el número 1 al átomo de carbono que ha perdido el átomo de hidrógeno.

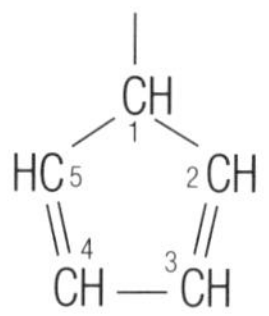

2,4-ciclopentadienilo

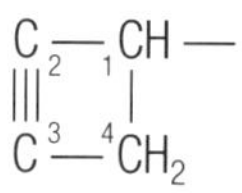

Ciclobutinilo

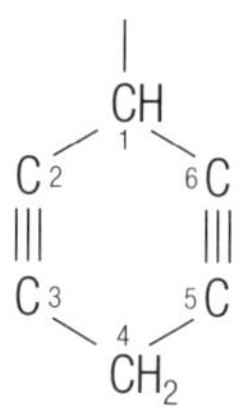

2,5-ciclohexadiinilo

En el primer ejemplo no es necesario indicar el 1-ilo, puesto que no existe otra posibilidad.

25 Formula los radicales siguientes:

a) 2,4-ciclohexadienilo

d) 1,3,5-ciclohexatrienilo(radical fenilo)

b) 2,4,6-cicloheptatrienilo

e) ciclobutadienilo

c) ciclopentadiinilo

f) 1,2-ciclohexadien-5-inilo

5.3. Hidrocarburos policíclicos

Son hidrocarburos cíclicos, saturados o no, que contienen más de un ciclo en su estructura. Estos ciclos pueden encontrarse unidos por enlaces entre carbonos que forman parte de cada uno de los ciclos:

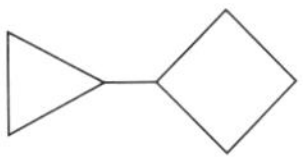

Ciclopropilciclobutano

Pero estos hidrocarburos policíclicos pueden encontrarse unidos mediante puentes entre ciclos. En este caso, sus nombres constan de tres partes distintas:

— Se indica el número de ciclos que forman el hidrocarburo: biciclo, triciclo, tetraciclo, etc.

— A continuación, se indica entre corchetes la cantidad de carbonos que forman cada una de las tres o cuatro ramas unidas a los carbonos que son cabezas de puente, colocando los números de carbonos que tiene cada rama de mayor a menor y separándolos por puntos.

— Después se nombra el alcano que expresa la cantidad total de átomos de carbono de la molécula.

Un ejemplo de estos ciclos es:

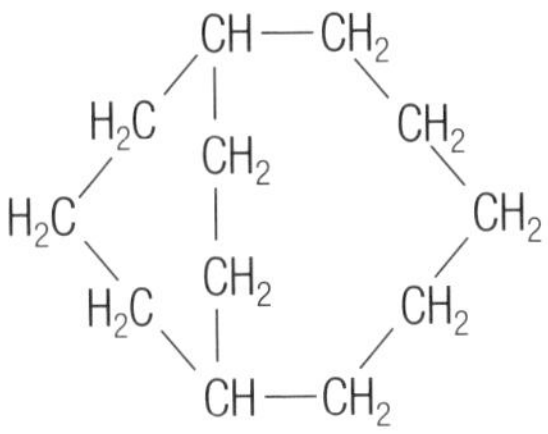

Biciclo [5.3.2] dodecano

Hidrocaburos policíclicos

Aquellos que presentan varios ciclos unidos.

5.4. Heterociclos

Son ciclos simples o condensados que contienen, incluido en su anillo, un átomo distinto al de carbono. Algunos de estos compuestos (los más importantes) se detallan a continuación:

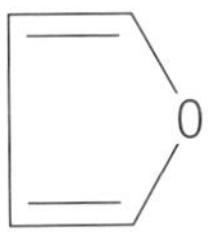

Furano

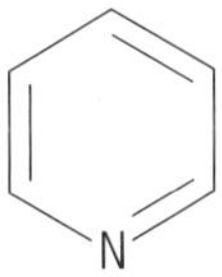

Piridina

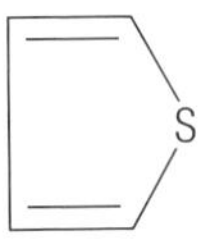

Tiofeno

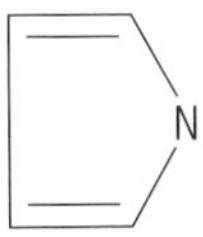

Pirrol

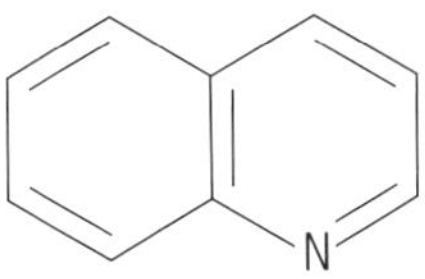

Quinoleína

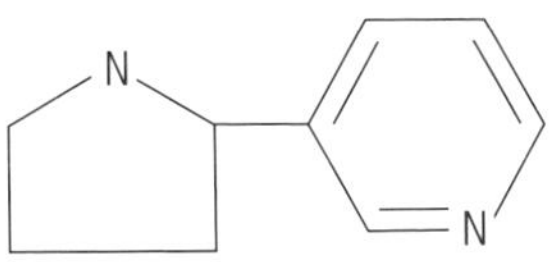

Nicotina

Como veremos a continuación, todos ellos poseen carácter aromático, debido a los electrones deslocalizados en los enlaces π.

Heterociclos

Aquellos ciclos que incluyen en su anillo un átomo distinto al del carbono.

6 Hidrocarburos aromáticos

Son compuestos cíclicos derivados del benceno (C_6H_6). Recibieron este nombre porque la gran mayoría de ellos poseen olores fuertes y penetrantes. En la actualidad, el término *aromático* expresa que el compuesto es más estable, es decir, menos reactivo.

El nombre genérico de los hidrocarburos aromáticos es *areno* y los radicales derivados de ellos se llaman radicales *arilo*. El benceno es la base de estos compuestos; su fórmula se expresa de uno de estos tres modos:

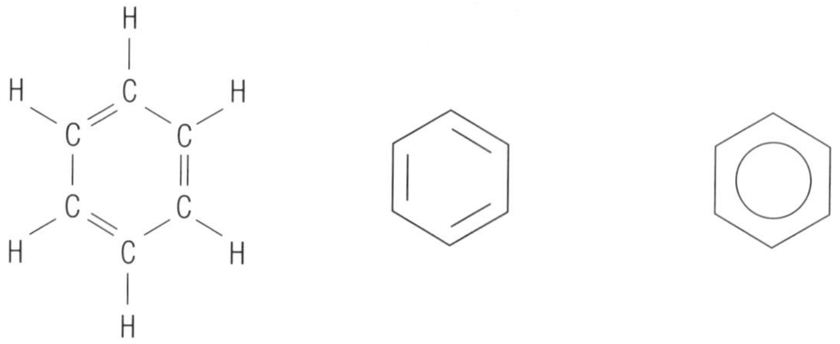

- Los compuestos aromáticos que presentan sustituyentes en el anillo se nombran anteponiendo los nombres de los radicales a la palabra *benceno*.

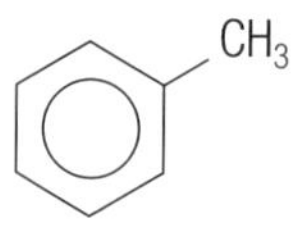

Metilbenceno (Tolueno)

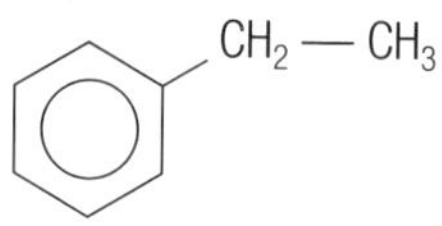

Etilbenceno

- Cuando existen dos sustituyentes, su posición relativa se indica mediante los números 1, 2; 1, 3 y 1, 4; o mediante los prefijos *orto-* (o-), *meta-* (m-), y *para-* (p-), respectivamente. Aquí se muestran algunos ejemplos:

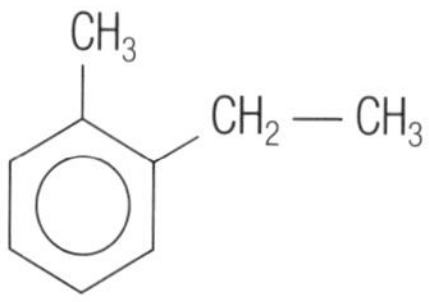

1-etil-2-metilbenceno, u orto-etilmetilbenceno, u o-etiltolueno

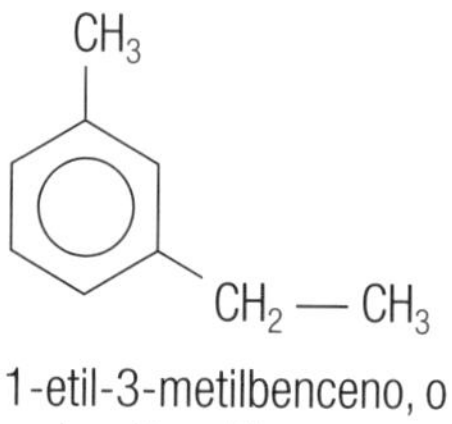

1-etil-3-metilbenceno, o meta-etilmetilbenceno, o m-etiltolueno

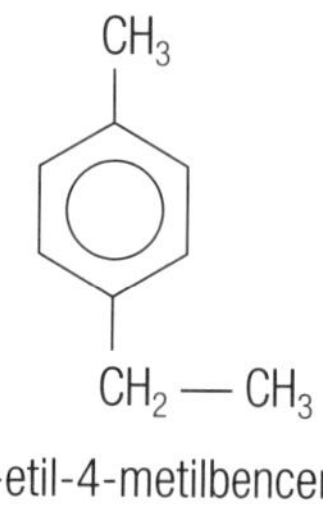

1-etil-4-metilbenceno, o para-etilmetilbenceno, o p-etiltolueno

- Si existen tres o más sustituyentes en el anillo, se numera el hidrocarburo de manera que estos radicales reciban los localizadores más bajos en su conjunto, y se citan en orden alfabético.

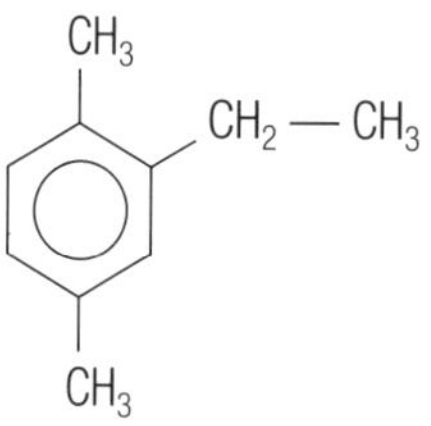

2-etil-1,4-dimetilbenceno

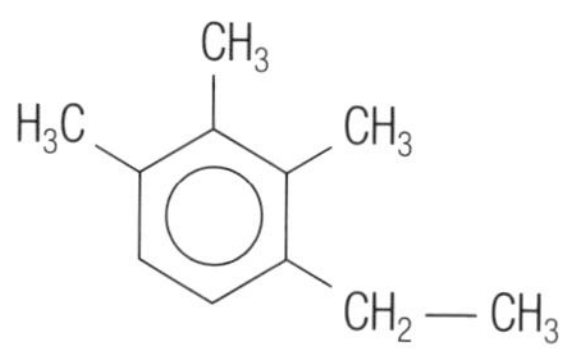

1-etil-2,3,4-trimetilbenceno

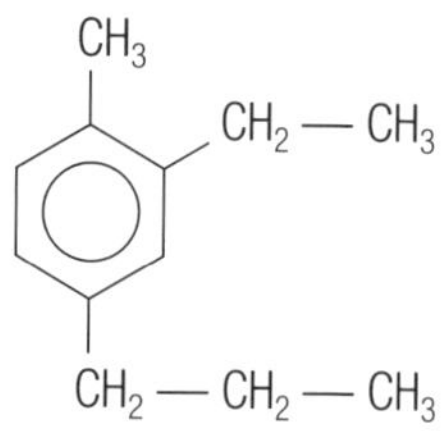

2-etil-1-metil-4-propilbenceno

- Cuando en el benceno actúa como radical por pérdida de un átomo de hidrógeno, se nombra como radical *fenilo* o *fenil*.

Hidrocarburos aromáticos

Hidrocarburos cíclicos derivados del benceno.

Nomenclatura de hidrocarburos aromáticos

Si tienen dos sustituyentes su posición se indica con los prefijos *orto-*, *meta-* y *para-*. Si tienen tres o más sustituyentes se numeran asignando al conjunto de radicales los localizadores más bajos.

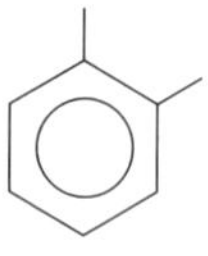

orto-
(o-)

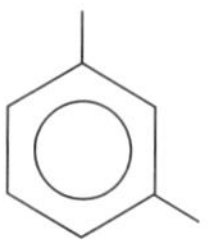

meta-
(m-)

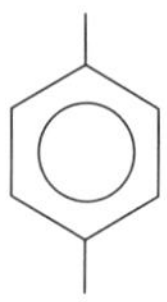

para-
(p-)

Radical del benceno

Fenil o fenilo.

26 Nombra los siguientes compuestos:

a)

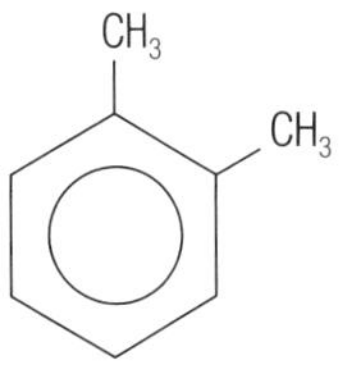

b)

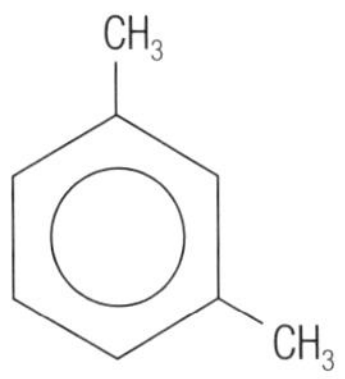

c)

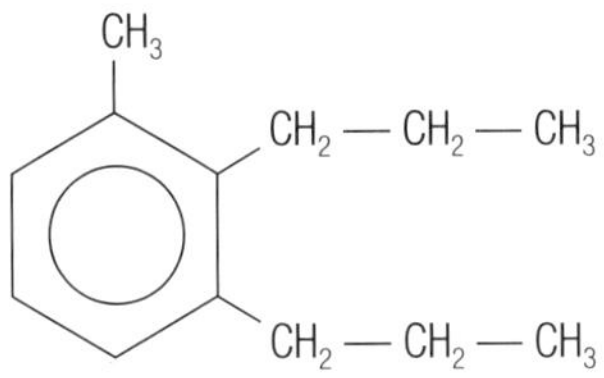

d)

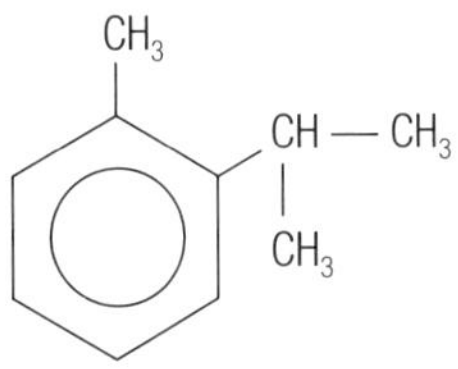

e)

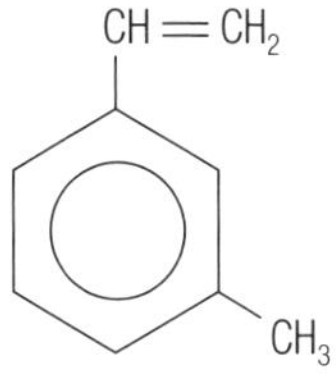

f)

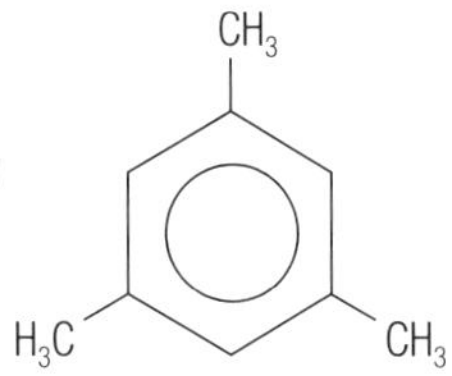

g)

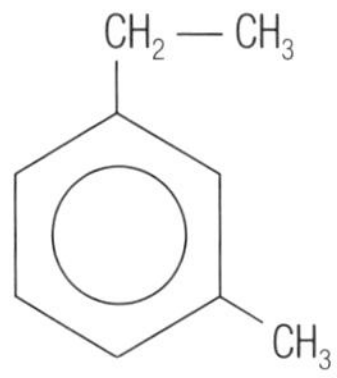

h)

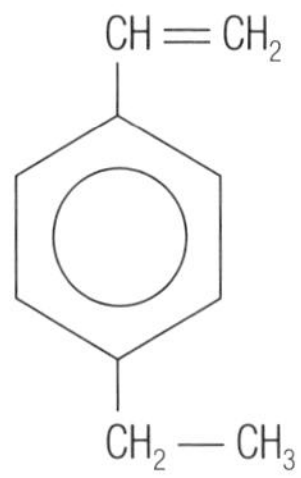

27 Formula los compuestos siguientes:

a) 1-metil-3-propilbenceno

b) 1-etil-3-metilbenceno

c) 1-metil-4-(2-propenil)-benceno

d) 1-metil-3-(metiletenil)-benceno

e) 1,2,3-trimetil-4-(metiletil)-benceno

f) 1-metil-2,3-dipropilbenceno

g) 1,3,4-trimetilbenceno

h) p-metiltolueno

i) o-isopropiltolueno

j) biciclo [5.3.0]decano

6.1. Otros hidrocarburos aromáticos importantes

Existen muchos hidrocarburos policíclicos fusionados. Citaremos los tres más sencillos e importantes:

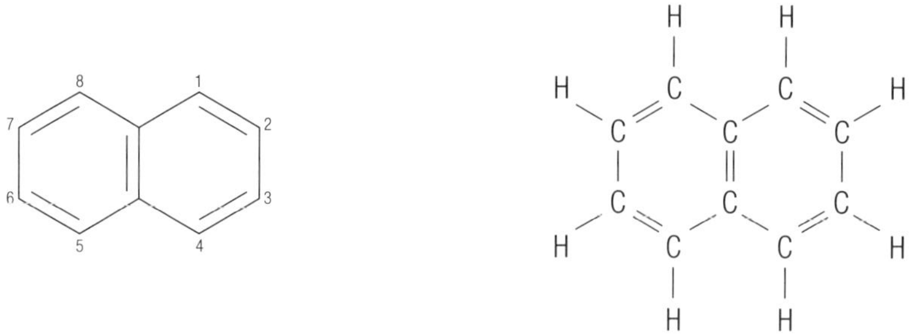

Naftaleno

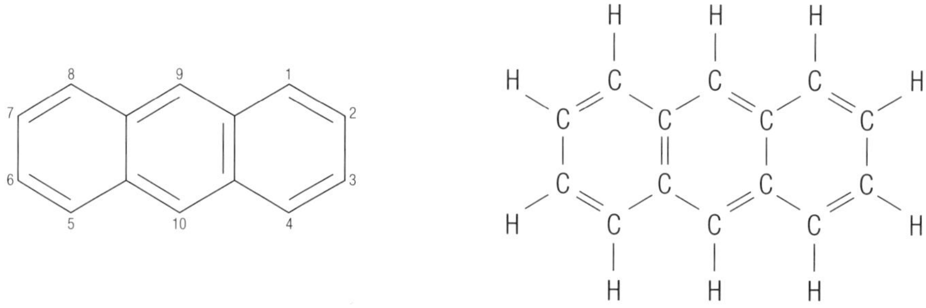

Antraceno

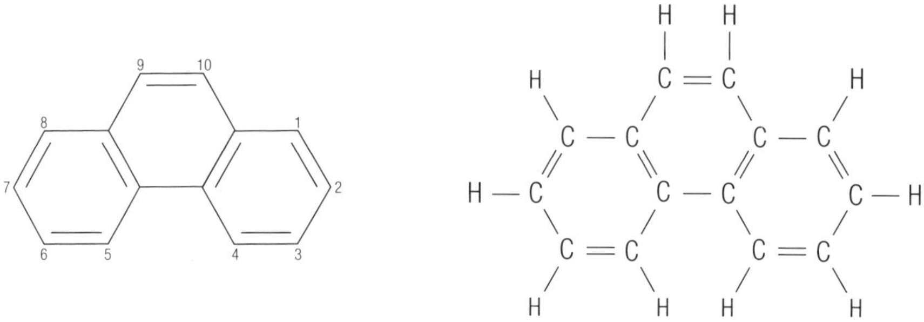

Fenantreno

También existen otras moléculas de gran importancia industrial que contienen anillos aromáticos. Algunas de estas son las siguientes:

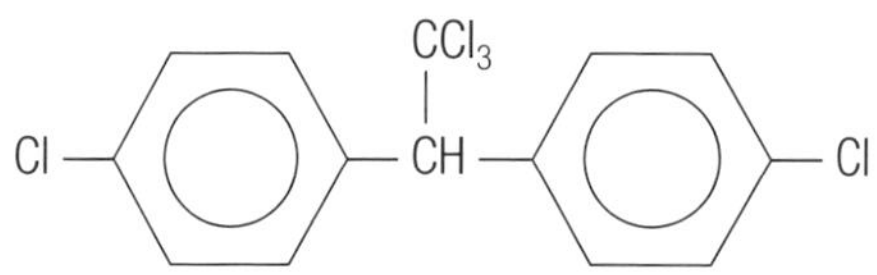

1,1,1-tricloro-2,2-bis-(p-clorofenil)-etano, o **d**icloro**d**ifenil**t**ricloroetano, o DDT

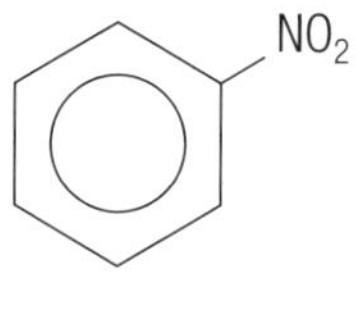

Nitrobenceno

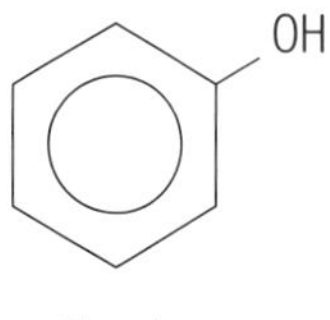

Fenol

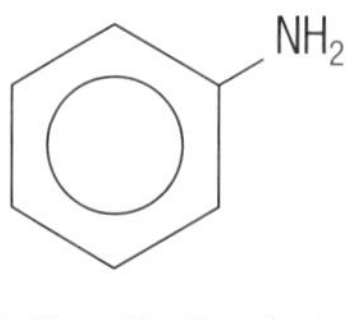

Anilina (fenilamina)

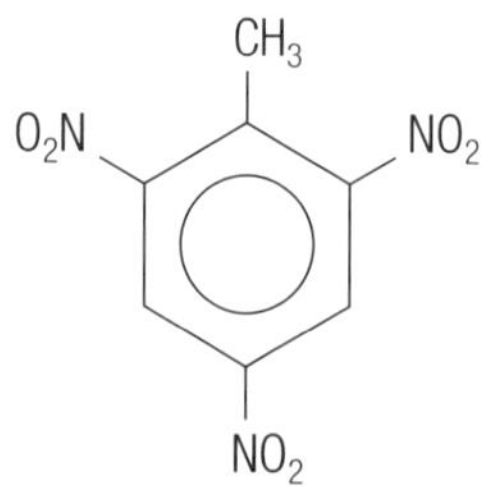

TNT (**tri**nitro**t**olueno)

7 Derivados halogenados de los hidrocarburos

Son hidrocarburos que contienen en su molécula átomos de halógenos: F, Cl, Br y I. Se nombran anteponiendo el nombre del halógeno (fluoro-, cloro-, bromo-, yodo-) al del hidrocarburo correspondiente. La posición de los átomos de halógeno se indica por medio de localizadores.

$\overset{3}{C}H_3 - \overset{2}{C}H_2 - \overset{1}{C}H_2 - Cl$	1-cloropropano
$Cl - CH_2 - CH_2 - Cl$	1,2-dicloroetano
$CH_3 - CH = CH - Cl$	1-cloropropeno

- Si existen dobles y triples enlaces, se numera la cadena de modo que a las insaturaciones les correspondan los localizadores más bajos. Al nombrar los derivados halogenados de cadena ramificada, los halógenos se consideran radicales y se citan en el lugar que les corresponde en orden alfabético.

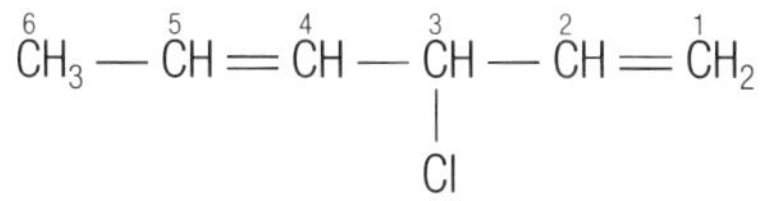

3-cloro-1,4-hexadieno

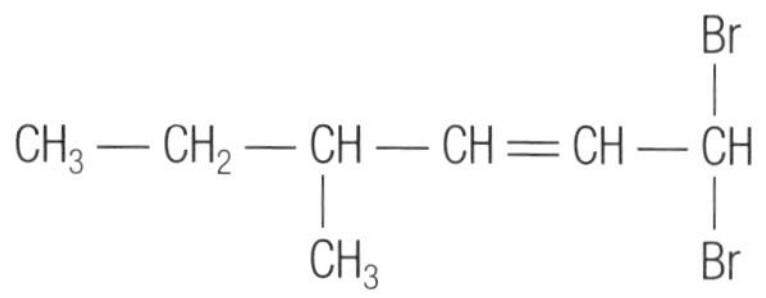

1,1-dibromo-4-metil-2-hexeno

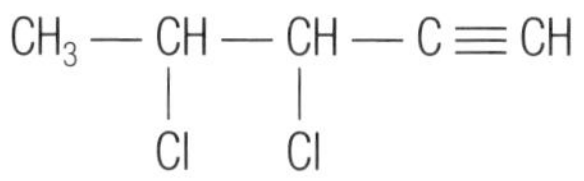

3,4-dicloro-1-pentino

CCl_4

Tetracloruro de carbono

$H - CCl_3$

Triclorometano (cloroformo)

Derivados halogenados de hidrocarburos

Aquellos que contienen átomos de halógenos.

Nomenclatura de derivados halogenados

Se nombran en orden alfabético y no son preferentes frente a las insaturaciones.

Ejercicios de aplicación

28 Nombra los siguientes compuestos:

a) $ClCH_2 - CH = CH_2$

b) 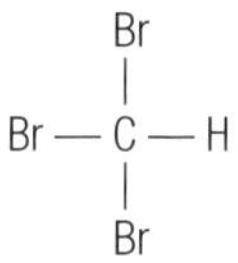

c) 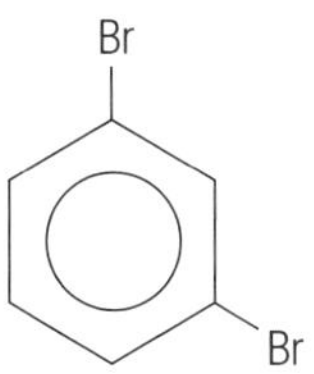

d) $Br_2CH - CH = CH - CH_3$

e) 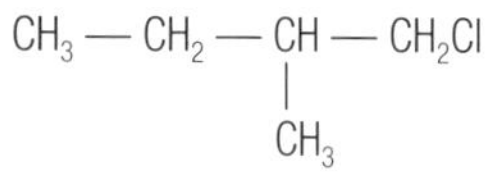

f) 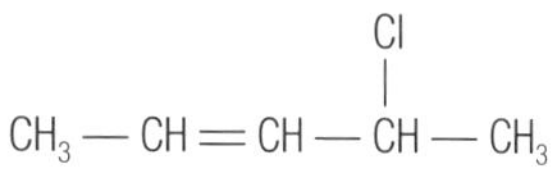

g) 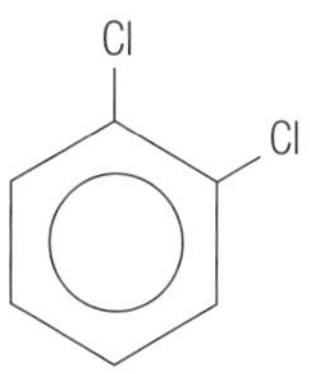

h) $ClCH = C = CH_2$

Función	Nomenclatura		Ejemplo
	Sufijo	Prefijo	
Alcano (C_nH_{2n+2})	-ano	—	$CH_3—CH_2—CH_3$ Propano
Alqueno (C_nH_{2n})	-eno	—	$CH_2{=}CH—CH_3$ Propeno
Alquino (C_nH_{2n-2})	-ino	—	$CH_3—C{\equiv}CH$ Propino
Hidrocarburo alicíclico	-ano -eno -ino	ciclo-	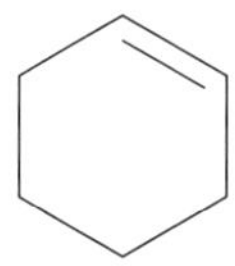 Ciclohexeno
Hidrocarburo aromático	-benceno	fenil-	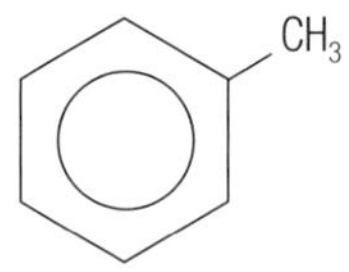 Metilbenceno (Tolueno)
Derivado halogenado	—	fluoro- cloro- bromo- yodo-	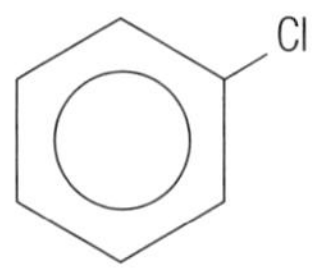 Clorobenceno

Señala la/s respuesta/s correcta/s:

1 El $CH_2{=}CH{-}C{\equiv}C{-}CH{=}CH{-}CH{=}CH_2$ se nombra:

a) 1,5,7-octadien-3-ino

b) 5-octin-1,3,7-trieno

c) 1,3,7-octadien-5-ino

d) 1,3,7-octatrien-5-ino

2 La fórmula química del 3-metil-5-dimetiletil-3-octen-1,7-diino es:

a)

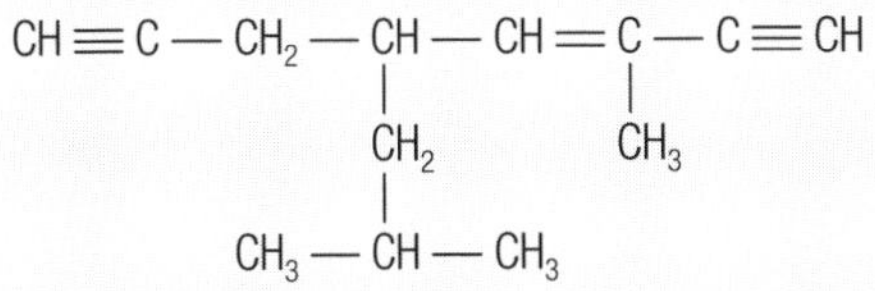

b)

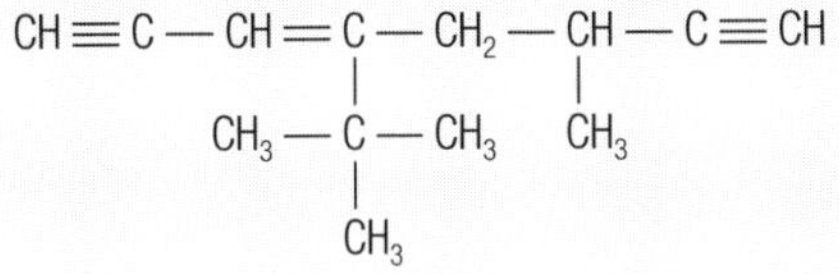

c)

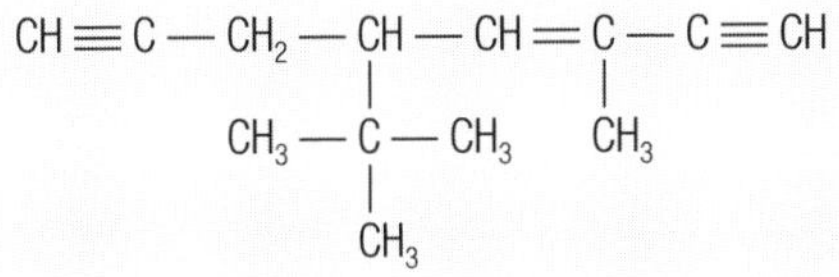

d)

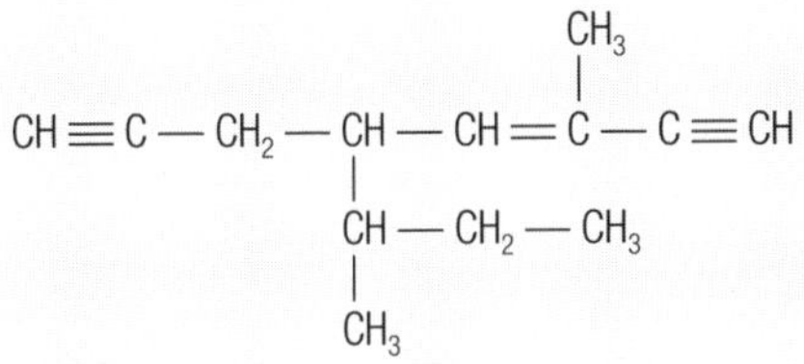

3 Indica el nombre correcto de:

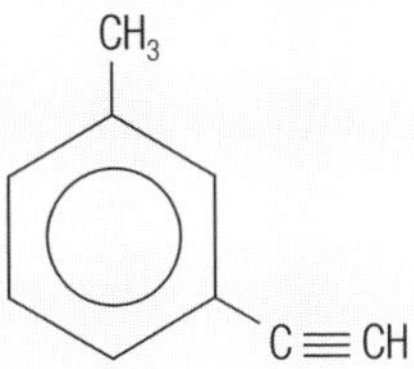

a) m-viniltolueno

b) 1-metilbenceno-3-etino

c) 1,3-etenilmetilbenceno

d) m-etenilmetilbenceno

4 Señala la cadena principal de la molécula:

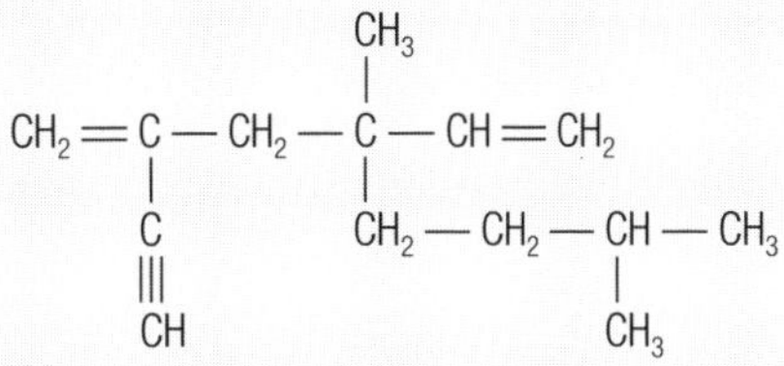

a)

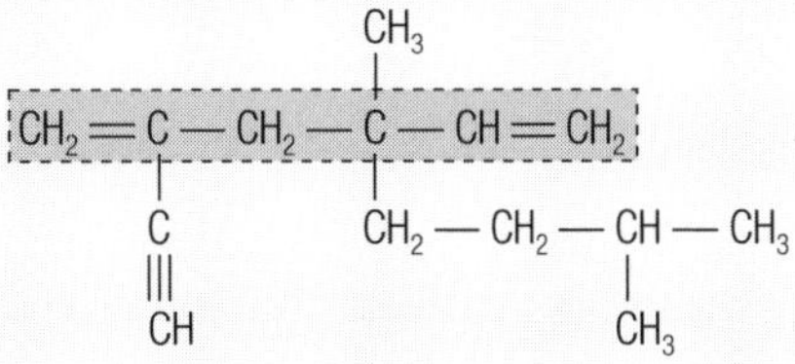

b)

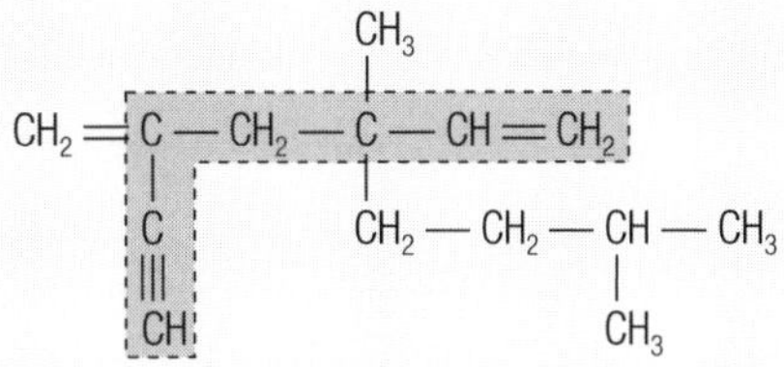

c)

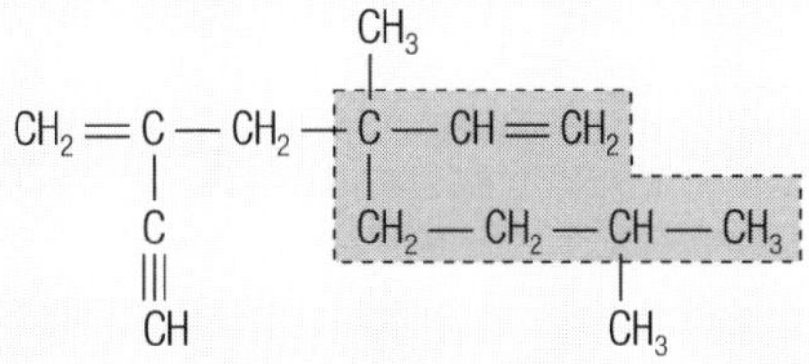

d)

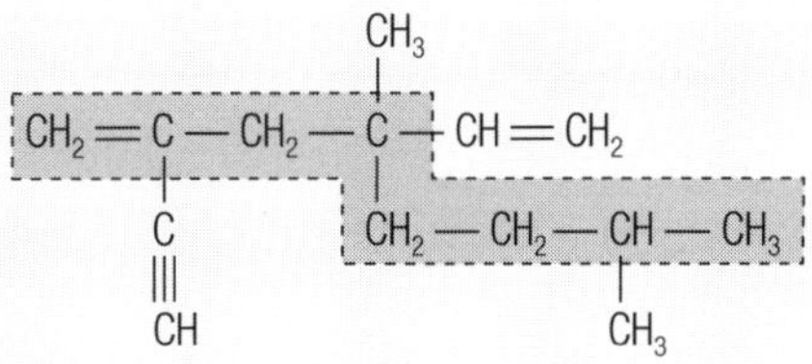

3. Compuestos oxigenados

Se denominan compuestos oxigenados aquellos que están constituidos por carbono, hidrógeno y oxígeno.

A continuación estudiamos las funciones oxigenadas siguientes: alcoholes, fenoles, éteres, aldehídos, cetonas, ácidos y ésteres.

1 Alcoholes y fenoles

Los alcoholes pueden considerarse derivados de los hidrocarburos al sustituir un átomo de hidrógeno por el grupo — OH (hidroxilo).

- Si el **hidrocarburo** es **alifático** (de cadena abierta), proporciona un **alcohol.**

$CH_3 — CH_2 — CH_3$ Propano $CH_3 — CH_2 — CH_2OH$ 1-propanol

- Si el **hidrocarburo** es **aromático,** se obtiene un **fenol.**

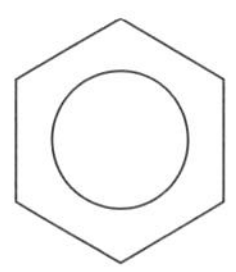

Benceno

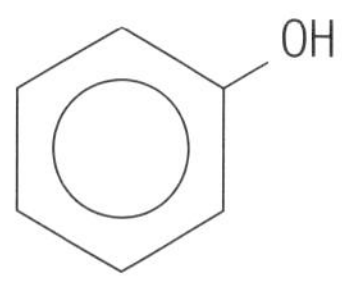

Fenol

En sentido estricto, el fenol debería llamarse bencenol; como el radical del que proviene es el fenilo, en el que se ha sustituido un hidrógeno por un grupo — OH, el nombre aceptado es fenol.

1.1. Alcoholes

El grupo funcional de los alcoholes es el grupo hidroxilo (— OH) y su fórmula general es R — OH. El radical R procede de un hidrocarburo alifático; puede ser un radical alquilo, alquenilo o alquinilo. La fórmula general para un alcohol saturado con un solo grupo hidroxilo es $C_nH_{2n+1}OH$.

Pueden existir alcoholes con varios grupos hidroxilo: son los *polialcoholes.*

Alcohol

Su grupo funcional es el grupo hidroxilo (–OH).

Alcoholes con un solo grupo funcional

Estos alcoholes pueden ser primarios, secundarios o terciarios, según que el grupo funcional (— OH) se encuentre unido a un carbono primario, secundario o terciario*.

En la *nomenclatura* de estos alcoholes se considera que se ha sustituido un átomo de hidrógeno de un hidrocarburo por un radical — OH. El alcohol así obtenido se nombra añadiendo la terminación *-ol* al hidrocarburo del que procede**.

$CH_3 — CH_3$ Etano $CH_3 — CH_2 — OH$ Etanol

Si el alcohol es secundario o terciario, se numera la cadena principal de tal modo que corresponda al carbono unido al — OH el localizador más bajo posible.

Nomenclatura de alcoholes

Se nombran añadiendo al hidrocarburo correspondiente la terminación o sufijo *-ol.*

* Los átomos de carbono pueden ser primarios, secundarios, terciarios o cuaternarios, según estén unidos, respectivamente, a uno, dos, tres o cuatro átomos de carbono; por tanto, no pueden existir alcoholes cuaternarios.

** En realidad solo se añade la *l.*

Alcoholes con varios grupos funcionales: polialcoholes

Para nombrarlos se colocan los sufijos *di-, tri-, tetra-*... para indicar el número de grupos —OH. En cuanto a la numeración de la cadena, se sigue el criterio indicado anteriormente.

$CH_2OH - CH_2OH$	1,2-etanodiol, o etanodiol*
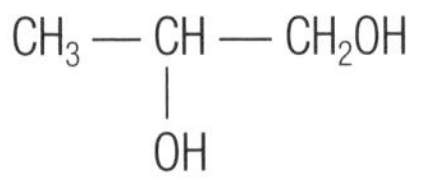	1,2-propanodiol
$CH_2OH - CH_2 - CH_2OH$	1,3-propanodiol
$CH_2OH - CH = CH - CH_2OH$	2-buten-1,4-diol, o buten-1,4-diol**
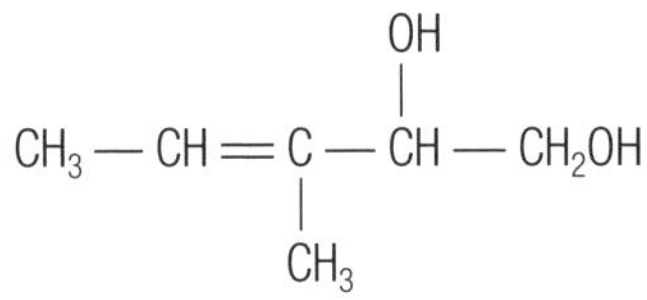	3-metil-3-penten-1,2-diol
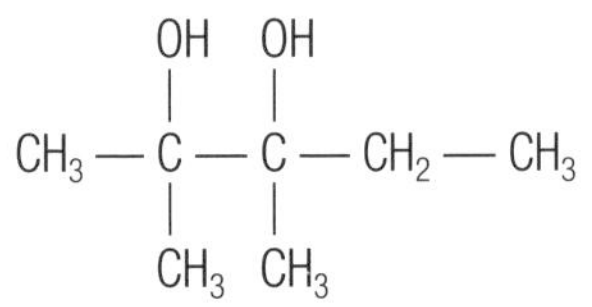	2,3-dimetil-2,3-pentanodiol
$CH \equiv C - CH = CH - CH_2OH$	2-penten-4-in-1-ol, o 2-penteninol**

Preferencia

La función alcohol es preferente frente a las insaturaciones y a los derivados halogenados.

Preferencia de la función alcohol

La función alcohol tiene preferencia al numerar sobre las insaturaciones y los derivados halogenados.

$\overset{3}{C}H_3 - \overset{2}{C}H_2 - \overset{1}{C}H_2 - OH$	1-propanol
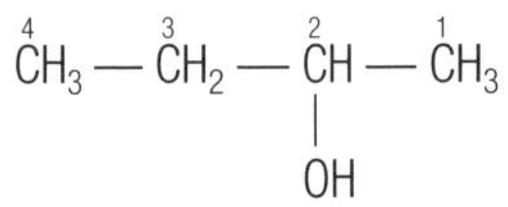	2-butanol
$\overset{6}{C}H_3 - \overset{5}{C}H_2 - \overset{4}{C}H = \overset{3}{C}H - \overset{2}{C}H_2 - \overset{1}{C}H_2OH$	3-hexen-1-ol
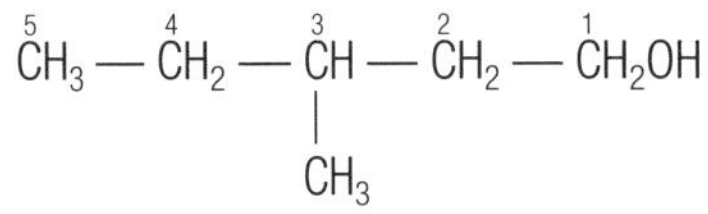	3-metil-1-pentanol
$\overset{4}{C}H \equiv \overset{3}{C} - \overset{2}{C}H_2 - \overset{1}{C}H_2OH$	3-butin-1-ol

* Dos grupos — OH no pueden ir en el mismo carbono, por tanto, en este caso, no hace falta poner los números.

** Un doble enlace, o un triple enlace y un grupo — OH no pueden ir en el mismo carbono, por tanto, en este caso, no hace falta poner el número del doble enlace.

29 Nombra los siguientes compuestos:

a) CH_3-CH_2OH

b) $CH_3-CH(OH)-CH_2-CH(CH_3)-CH_2OH$

c) $CH_2OH-CH(OH)-CH_2OH$

d) $CH_3-C(CH_3)_2-CH_2-CH_2-CH_2OH$

e) $CH_2=CH-CH_2OH$

f) $CH_2=CH-CH(OH)-CH_2OH$

g) $CH_3-CH=CH-CH_2-CH(OH)-CH_3$

h) $CH_3-CH=C(CH_2-CH_3)-CH_2OH$

30 Formula los siguientes compuestos:

a) 2-metil-1-butanol

b) 2-metil-2-propanol

c) 3,7-dimetil-2,6-octadien-1-ol

d) propinol

e) 2,3-dimetil-1,3-butanodiol

f) 2-buten-1-ol

g) 2-butenodiol

h) 4-metil-2-penten-1-ol

i) 4-penten-2-inol

j) 3-butenodiol

1.2. Fenoles

Como ya hemos indicado, se obtienen al sustituir uno o más átomos de hidrógeno del benceno por grupos — OH. Si se sustituye un solo átomo de hidrógeno, se obtienen los *fenoles*; si se sustituyen varios, obtenemos, sucesivamente, difenoles, trifenoles, etc.

Para nombrar los fenoles se utiliza la terminación *-ol* precedida del nombre del hidrocarburo aromático correspondiente.

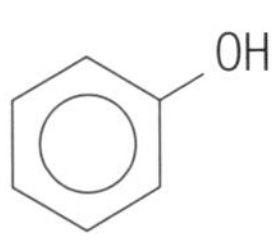

Fenol o bencenol

Si existen varios radicales — OH, se numeran los átomos de carbono del benceno de modo que a los carbonos con grupos hidroxilo les corresponda la numeración más baja en conjunto; al nombrar los polifenoles, deben escribirse los localizadores y los prefijos correspondientes (*di-*, *tri-*, etc.).

Fenoles

Presentan siempre un anillo bencénico.

Nomenclatura de fenoles

Se nombran añadiendo al hidrocarburo aromático correspondiente la terminación *-ol*.

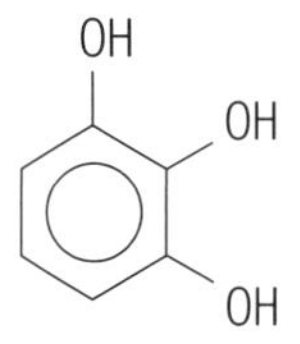

1,2,3-bencenotriol, o
1,2,3-trifenol

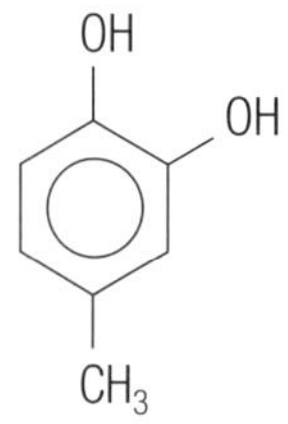

4-metil-1,2-bencenodiol, o
4-metil-1,2-difenol

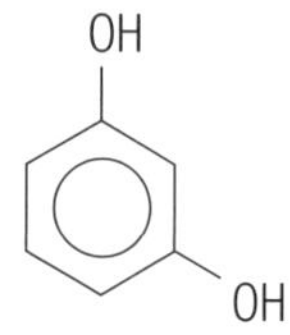

1,3-bencenodiol, o
1,3-difenol, o
m-difenol

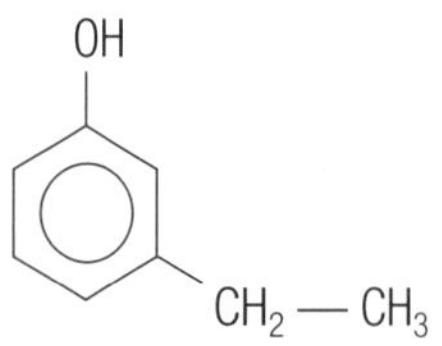

3-etil-1-bencenol, o
3-etil-1-fenol, o
3-etilfenol, o
m-etilfenol

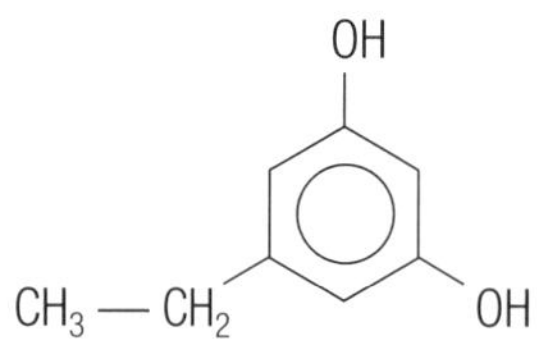

5-etil-1,3-bencenodiol, o
5-etil-1,3-difenol

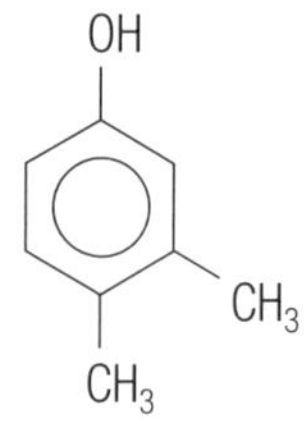

3,4-dimetil-1-fenol, o
3,4-dimetilfenol

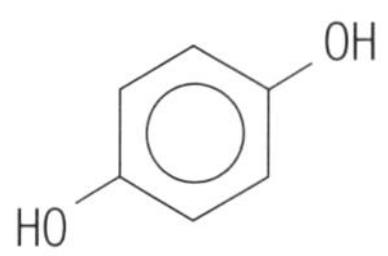

1,4-difenol, o
p-difenol

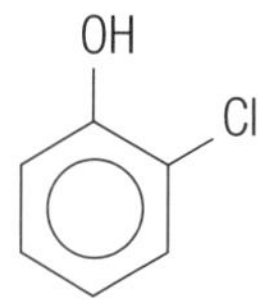

2-clorofenol, o
o-clorofenol

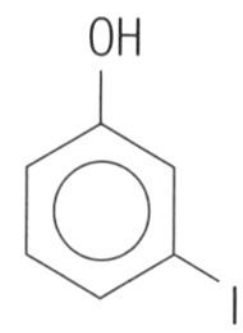

3-yodofenol, o
m-yodofenol

2 Éteres

Éter

Su grupo funcional es el R—O—R'.

Los éteres están formados por un átomo de oxígeno unido a dos radicales procedentes de hidrocarburos. Las posibles fórmulas generales son:

R — O — R' R — O — Ar Ar — O — Ar'

donde R y Ar son radicales *alquilo* y *arilo*, respectivamente.

Los radicales R — O — y Ar — O — se nombran añadiendo la terminación *-oxi* al nombre del radical R —, o Ar —; con las excepciones siguientes: metoxi, etoxi, propoxi, butoxi y fenoxi (en lugar de metiloxi, etiloxi, etc.).

$CH_3 — O —$ radical *metoxi*

$CH_3 — CH_2 — O —$ radical *etoxi*

$CH_3 — CH_2 — CH_2 — O —$ radical *propoxi*

$CH_3 — CH_2 — CH_2 — CH_2 — O —$ radical *butoxi*

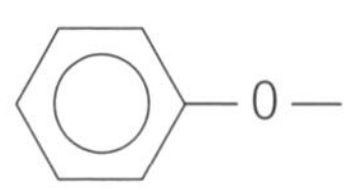

radical *fenoxi*

2.1. Nomenclatura de los éteres

Los éteres se pueden nombrar mediante dos sistemas:

- *Nomenclatura radicofuncional*. Se nombran, en orden alfabético, los radicales unidos al oxígeno (*-il*) y se anteponen a la palabra *éter*.

$CH_3 — O — CH_2 — CH_3$	Etilmetiléter
$CH_3 — CH_2 — O — CH_2 — CH_3$	Dietiléter
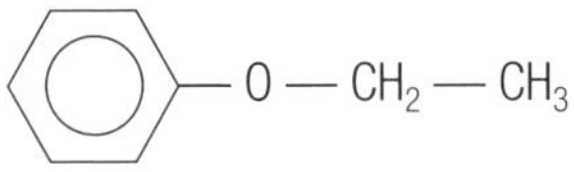	Etilfeniléter
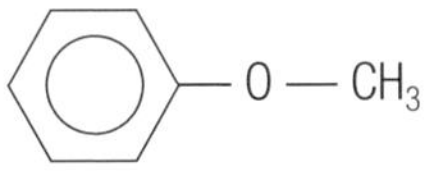	Fenilmetiléter

- *Nomenclatura sustitutiva*. Se nombra el radical éter más sencillo (*-oxi*) seguido, sin separación, del nombre del hidrocarburo del que deriva el radical más complejo.

$CH_3 — O — CH_2 — CH_3$	Metoxietano
$CH_3 — CH_2 — O — CH_2 — CH_3$	Etoxietano
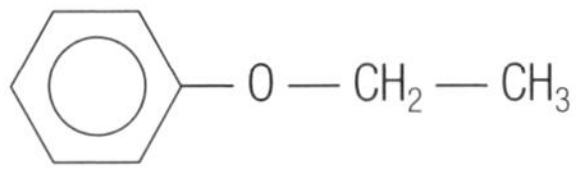	Etoxibenceno
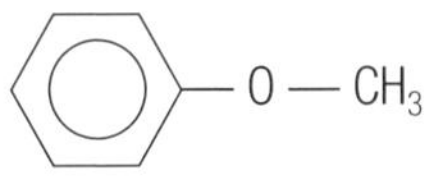	Metoxibenceno

Nomenclatura de éteres

Se nombran los radicales unidos al oxígeno en orden alfabético añadiendo la terminación *-éter;* o bien nombrando el radical más sencillo, con la terminación *-oxi,* seguido del hidrocarburo correspondiente al radical más complejo.

2.2. Nomenclatura de éteres complejos

Para los éteres más complejos se utilizan otros sistemas de nomenclatura. Según uno de ellos, un poliéter se considera derivado de un hidrocarburo al sustituir grupos $— CH_2 —$ por átomos de oxígeno.

Los grupos éter se nombran mediante la palabra *oxa,* que significa que un átomo de oxígeno ha reemplazado a un grupo $— CH_2 —$. Se indica la posición del carbono sustituido mediante su localizador, seguido del prefijo *oxa-* y del prefijo numeral, cuando este sea necesario.

$CH_3 — O — CH_2 — O — CH_3$	2,4-dioxapentano
$CH_3 — O — CH_2 — CH_2 — O — CH_2 — O — CH_3$	2,4,7-trioxaoctano
$CH_3 — O — CH(CH_3) — CH = CH — CH_3$	Metoxi-1-metil-2-buteno, o 3-metil-2-oxa-4-hexeno

Observa que en la cadena principal se numeran tanto los átomos de carbono como los de oxígeno.

Nomenclatura de éteres complejos

Cuando forman parte de la cadena principal, se nombran, anteponiendo al hidrocarburo correspondiente, el localizador seguido del prefijo *-oxa.*

Ejercicios de aplicación

31 Nombra los compuestos siguientes:

a) $CH_3 — CH_2 — CH_2 — O — CH_2 — CH_3$

b) $CH_3 — O — CH(CH_3) — CH_3$

c) $CH_3 — CH_2 — O — CH_2 — CH(O — CH_3) — CH_2OH$

d) $CH_3 — CH_2 — O — C_6H_5$

e) $CH_2 = CH — O — CH_3$

f) 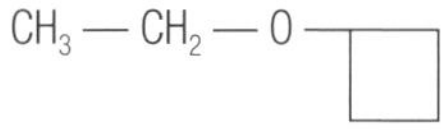

3 Aldehídos y cetonas

Ambos tipos de compuestos se caracterizan por tener un doble enlace carbono-oxígeno en su grupo funcional: es el grupo carbonilo 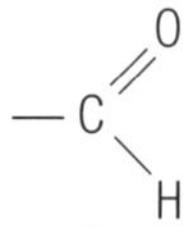

La diferencia estriba en dos razones fundamentales:

- En los aldehídos el grupo carbonilo se encuentra en un extremo de la cadena, es decir, en un carbono terminal.
- En las cetonas el grupo carbonilo nunca se encuentra en un extremo de la cadena.

3.1. Aldehídos

Aldehído

Su grupo funcional es el carbonilo

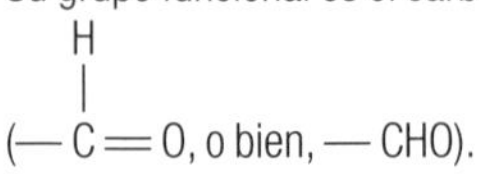

(—C=O, o bien, —CHO).

Nomenclatura de aldehídos

Se nombran añadiendo al hidrocarburo del que proceden la terminación o sufijo *-al.*

Teóricamente se puede considerar a los aldehídos* como derivados de los hidrocarburos al sustituir dos átomos de hidrógeno de un carbono terminal por un átomo de oxígeno. Su fórmula general es $C_nH_{2n}O$.

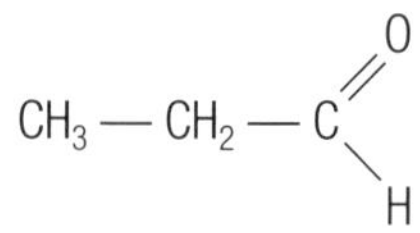

Se nombran añadiendo al nombre del hidrocarburo del que derivan el sufijo *-al* o *-dial,* según que el grupo carbonilo ocupe uno o los dos extremos de la cadena.

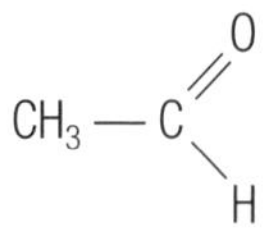

Etanal

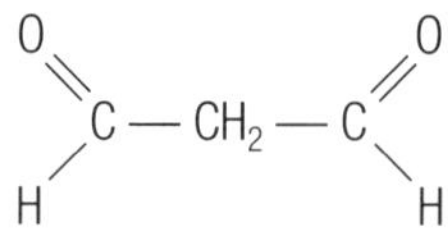

Propanodial

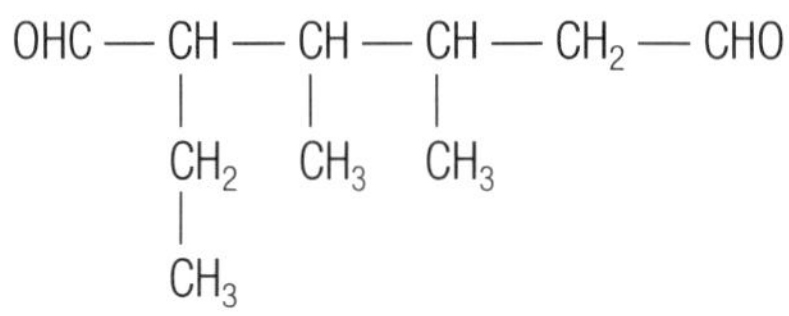

2-etil-3,4-dimetilhexanodial

$C_6H_5-CH_2-CH_2-CHO$

3-fenilpropanal

Preferencia

El grupo aldehído es preferente frente a radicales, insaturaciones y alcoholes.

El grupo carbonilo 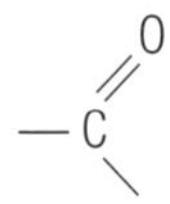 es **preferente** sobre radicales, insaturaciones y alcoholes, y se empieza a numerar la cadena por el extremo donde se encuentra dicho grupo carbonilo. Solo cuando existen grupos carbonilo en ambos extremos se tienen en cuenta los criterios sobre alcoholes, insaturaciones y radicales para decidir por dónde se comienza a numerar.

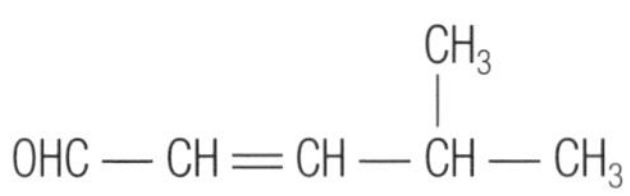

4-metil-2-pentenal

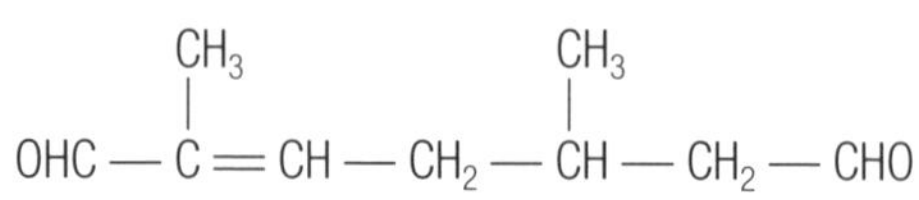

2,5-dimetil-2-heptenodial

$CH\equiv C-CHO$

Propinal

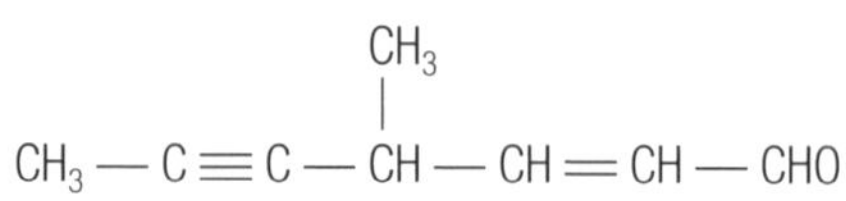

4-metil-2-hepten-5-inal

* La palabra **aldehído** proviene de la expresión «**al**cohol **deshi**drogena**do**». Los aldehídos son los compuestos intermedios obtenidos por la oxidación de alcoholes primarios a ácidos.

El grupo —OH como sustituyente

Supongamos el siguiente compuesto:

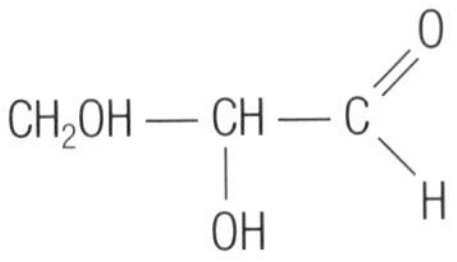

Al tener **preferencia** el grupo carbonilo (— C = O) sobre el grupo hidroxilo (— OH), el compuesto se nombra como aldehído y el grupo hidroxilo se considera como un sustituyente. Cuando el grupo —OH interviene en un compuesto como sustituyente, se nombra anteponiendo el prefijo *hidroxi-* junto con su localizador al hidrocarburo del que procede.

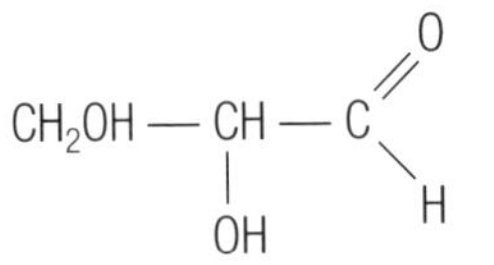

2,3-dihidroxipropanal, o dihidroxipropanal

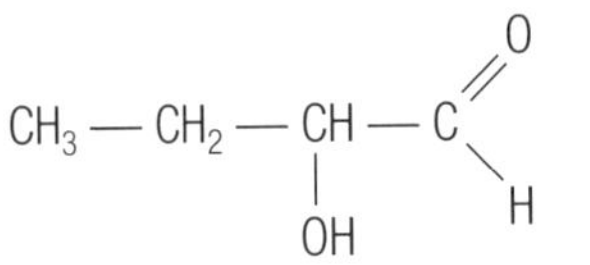

2-hidroxibutanal

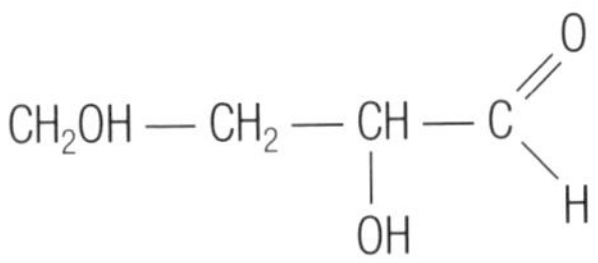

2,4-dihidroxibutanal

Grupo — OH como sustituyente

El alcohol con función secundaria se nombra anteponiendo el prefijo *hidroxi-* al hidrocarburo del que procede.

El grupo —CHO como sustituyente

En los casos en que se encuentre el grupo característico de los aldehídos como sustituyente, bien porque en un compuesto existen tres grupos aldehído o más, o porque esta función no prevalece al nombrar el compuesto, se antepone el prefijo *formil-*, junto con su localizador, al hidrocarburo del que procede.

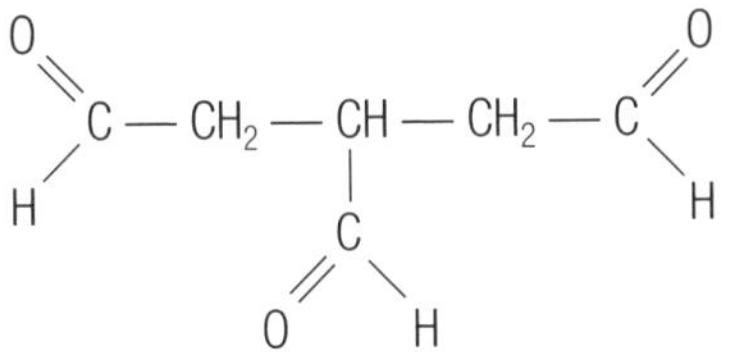

3-formilpentanodial

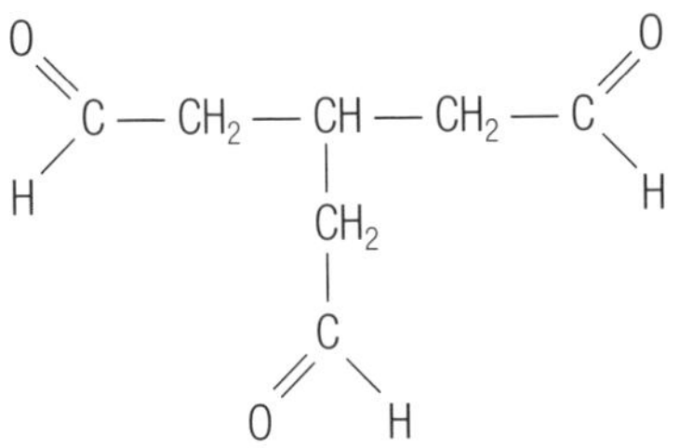

3-formilmetilpentanodial

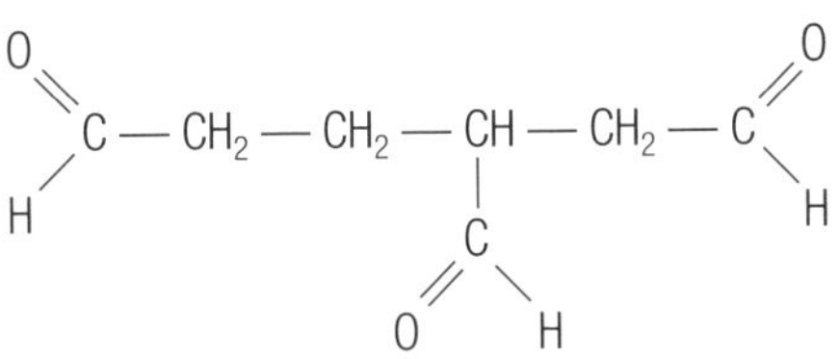

3-formilhexanodial

Grupo — CHO como sustituyente

El aldehído como sustituyente se nombra anteponiendo el prefijo *formil-* al hidrocarburo del que procede.

32 Nombra los siguientes compuestos:

a) $CH_3 — CHO$

b) $CH_3 — CH_2 — CH_2 — CHO$

c) 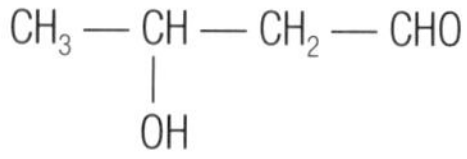

d) 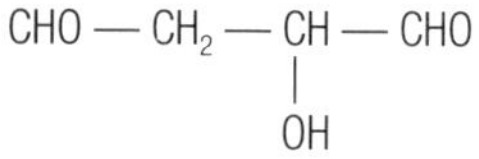

e) 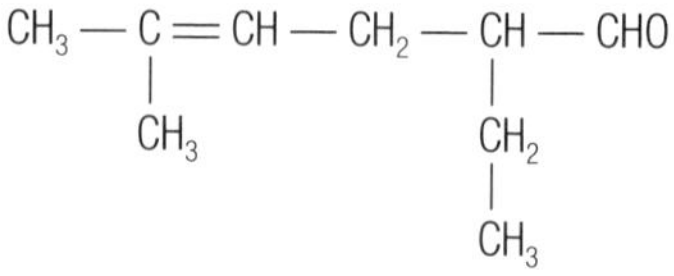

f) $CH_3 — CH = CH — C \equiv C — CHO$

g) $CHO — CH_2 — O — CH_2 — CH_2 — CHO$

h) 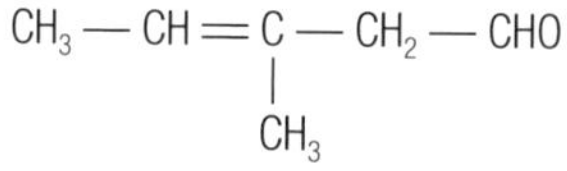

i) 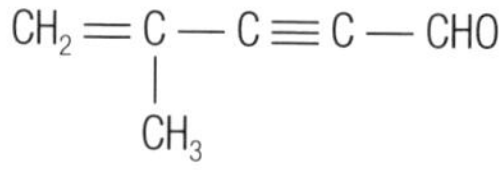

j) 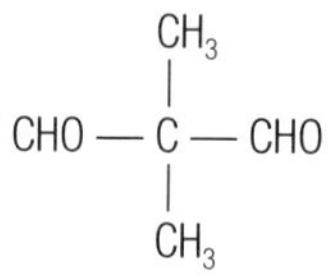

33 Formula los compuestos siguientes:

a) Etanodial

b) 4-hidroxibutanal

c) Hidroxipropanodial

d) 5-etenil-2,6-heptadienal

e) 3-etil-2-metilhexanal

f) Benzaldehído

g) Propenal

h) 3-fenilpropenal

i) Butinodial

j) 4-fenilpentinal

k) 3-hidroxi-2-(1-propinil)-4-pentenal

l) 2,4-hexadiendial

3.2. Cetonas

Pueden considerarse derivadas de los hidrocarburos al sustituir dos átomos de hidrógeno, unidos a un carbono secundario, por un átomo de oxígeno. Su fórmula general es $C_nH_{2n}O$, para un solo grupo cetónico.

- *Nomenclatura sustitutiva*. Se nombran a partir del hidrocarburo del que derivan añadiendo la terminación *-ona* e indicando la posición del grupo carbonilo (— CO —) mediante localizadores.

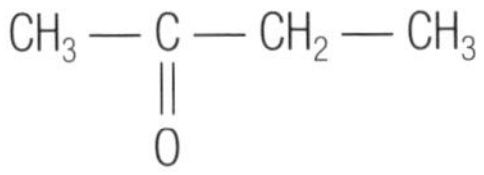
Butanona

$CH_3—CO—CH_2—CH_2—CH_3$ 2-pentanona

$CH_3—CO—CH_2—CO—CH_3$ 2,4-pentanodiona

- *Nomenclatura radicofuncional*. Se nombra uno a continuación de otro y en orden alfabético, los radicales a que está unido el grupo carbonilo, agregando al final la palabra *cetona*.

$CH_3—CH_2—CO—CH_3$ Etilmetilcetona

Te recomendamos la nomenclatura sustitutiva.

$CH_3—CO—CH_3$ Propanona, o acetona

$C_6H_5—CH_2—CO—CH_2—CH_2—CO—CH_2—C_6H_5$ 1,6-difenil-2,5-hexanodiona

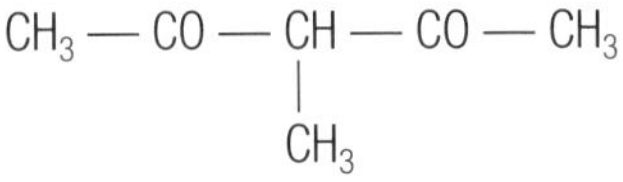
3-metilpentanodiona (Igual que en el caso anterior, no es necesario indicar las posiciones 2 y 4 de los grupos carbonilo, ya que no existe otra posibilidad).

La función cetona tiene **prioridad** sobre los alcoholes, fenoles, radicales e insaturaciones, pero no la tiene sobre los aldehídos. Cuando se encuentra en una cadena con un aldehído, se considera la cetona como sustituyente, y para indicar el átomo de oxígeno del grupo carbonilo de la cetona se emplea el prefijo *oxo-*, junto con el localizador.

$CH_3—CO—CH_2—CHO$ 3-oxobutanal

$CHO—CH_2—CO—CHO$ Oxobutanodial (siempre es posición 2 para la cetona, por lo que no es necesario indicarlo).

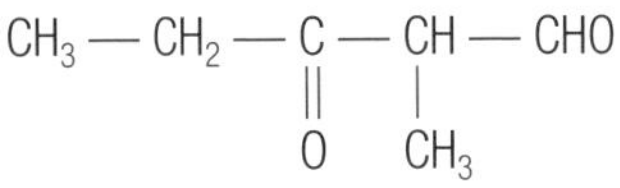
2-metil-3-oxopentanal

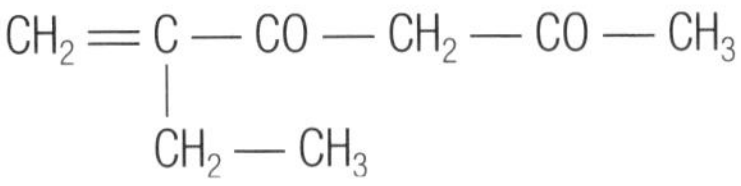
5-etil-5-hexen-2,4-diona

$CH_3—C\equiv C—CO—CH_3$ 3-pentin-2-ona, o 3-pentinona

$C_6H_5—CH=CH—CO—CH_2—C_6H_5$ 1,4-difenil-3-buten-2-ona o 1,4-difenilbutenona

Cetona

Su grupo funcional es el carbonilo

Nomenclatura de cetonas

Se nombran añadiendo al hidrocarburo del que proceden la terminación o sufijo *-ona*.

Preferencia

El grupo cetona es preferente al grupo hidroxilo (alcohol); pero no lo es frente al de aldehído.

Grupo — CO — como sustituyente

La cetona con función secundaria se nombra anteponiendo el prefijo *oxo-* al hidrocarburo del que procede.

34 Nombra los siguientes compuestos:

a) $CH_3 — CO — CH_2 — CH_3$

b) $CH_3 — CO — CH_3$

c) 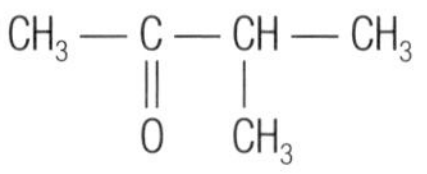

d) 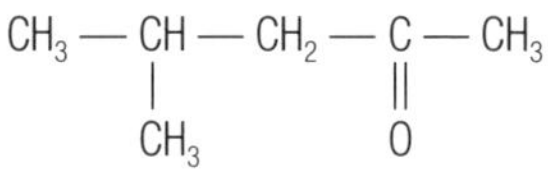

e) $CH_2 = CH — CO — CH_2 — CH = CH_2$

f) $CH_3 — CO — CH_2 — CH_2 — C_6H_5$

g) $CH_3 — CH = CH — CO — CH_3$

h) $CH_3 — CO — CH_2 — CHO$

i) 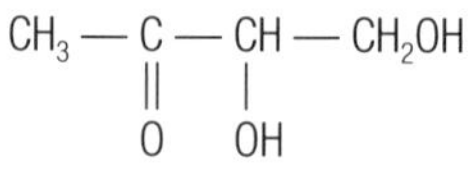

j) 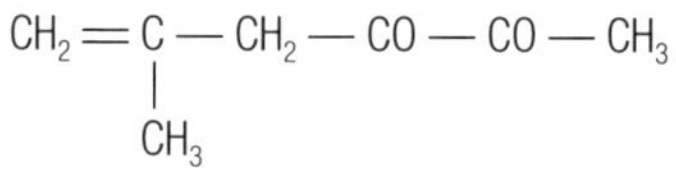

k) $CH_2 = CH — CH — CH = CH — CO — CH_2 — CHO$

l) $CH_3 — O — CO — CH_3$

35 Formula los compuestos siguientes:

a) 2-metilpentanona (indica por qué no es necesario señalar la posición del grupo carbonilo).

b) 3-pentanona

c) 4-metilpentanona o 4-metil-2-pentanona. ¿Por qué no es necesario indicar la posición de la cetona?

d) Butanona

e) 1,4-heptadienona

f) 2,4,7-octanotriona

g) 3,6-dioxoheptanal

h) 1-hepten-5-in-3-ona

i) 2-(2-metilpropil)-oxobutanal

j) 4-hidroxi-5-hidroximetil-5-metil-2,6-octanodiona

k) 4-metil-2-ciclohexenona

l) Oxo-butinal

4 Ácidos carboxílicos

Estos compuestos ternarios se caracterizan por poseer un grupo carboxilo (—COOH)

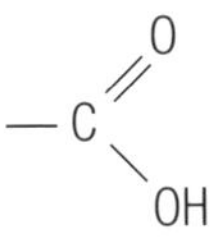

que presenta carácter ácido y solo puede encontrarse en carbonos primarios, ya que el carbono posee un doble enlace carbono-oxígeno, un enlace sencillo carbono-oxígeno y otro enlace sencillo carbono-carbono.

4.1. Nomenclatura de ácidos carboxílicos

Se nombran con el nombre genérico de *ácido* y la terminación *-oico* que se pospone al nombre del hidrocarburo del que proceden.

CH_3-CH_2-COOH	Ácido propanoico
CH_3-COOH	Ácido etanoico
$H-COOH$	Ácido metanoico

- Existen ácidos que presentan dos grupos carboxilo y se llaman *ácidos dicarboxílicos.*

$HOOC-COOH$	Ácido etanodioico
$HOOC-CH_2-CH_2-COOH$	Ácido butanodioico
$HOOC-(CH_2)_4-COOH$	Ácido hexanodioico

- Los ácidos carboxílicos pueden estar ramificados y presentar dobles o triples enlaces.

$CH_3-CH-CH_2-COOH$ $\quad\;\; |$ $\quad\; CH_3$	Ácido 3-metilbutanoico
$CH_2=CH-COOH$	Ácido propenoico
$CH_3-CH=CH-COOH$	Ácido 2-butenoico
$CH_3-CH-COOH$ $\quad\;\; |$ $\quad\; CH_3$	Ácido metilpropanoico
$CH_3-CH=CH-CH-COOH$ $\qquad\qquad\quad |$ $\qquad\qquad\; CH_3$	Ácido 2-metil-3-pentenoico
$HOOC-CH=CH-COOH$	Ácido 2-butenodioico, o Ácido butenodioico
$CH_3-CH=CH-CH-COOH$ $\qquad\qquad\quad |$ $\qquad\qquad\; CH_2-CH_3$	Ácido 2-etil-3-pentenoico
$CH_3-C\equiv C-CH_2-COOH$	Ácido 3-pentinoico

Ácidos carboxílicos

Compuestos ternarios cuyo grupo funcional es el carboxilo (—COOH).

Nomenclatura de ácidos carboxílicos

Se nombran antponiendo el término genérico de ácido y añadiendo la terminación *-oico* al hidrocarburo del que procede.

Nomenclatura de ácidos policarboxílicos

Se nombran como los ácidos carboxílicos anteponiendo el prefijo *carboxi-* al hidrocarburo del que proceden.

4.2. Ácidos policarboxílicos

Son compuestos que poseen tres o más grupos carboxilo (— COOH). En estos compuestos los grupos carboxilo que no se encuentren en los carbonos terminales de la cadena principal se consideran como radicales y se designan con el prefijo *carboxi-*.

Los compuestos de este tipo se nombran de la manera que se indica en los ejemplos siguientes:

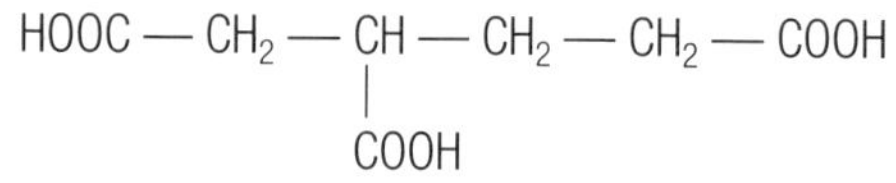

Ácido 3-carboxihexanodioico

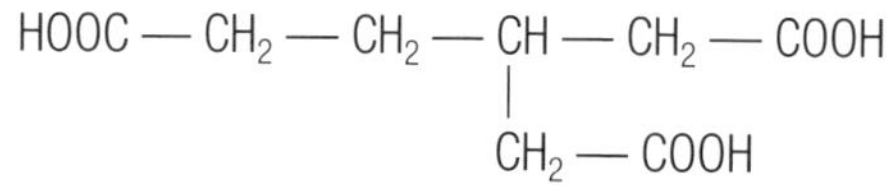

Ácido 3-(1-carboximetil)-hexanodioico

Preferencia

El grupo — COOH es la función preferente.

Prioridad de la función ácido

La función ácido **prevalece** en la nomenclatura sobre todas las estudiadas anteriormente; por tanto, si en un compuesto se halla la función ácido, las demás se consideran como sustituyentes y la función principal será la del ácido.

$CH_3 — CH_2 — CO — CH_2 — COOH$ Ácido 3-oxopentanoico

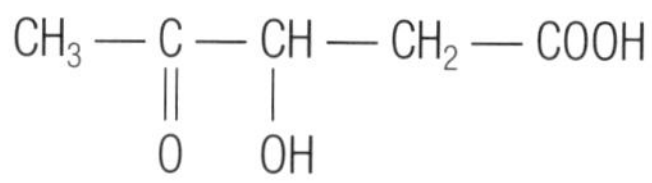

Ácido 3-hidroxi-4-oxopentanoico

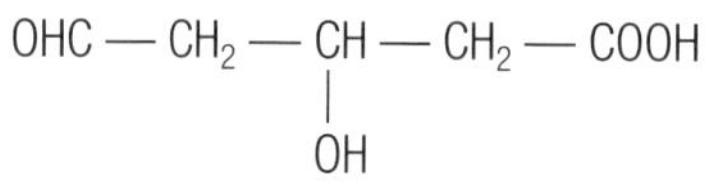

Ácido 4-formil-3-hidroxibutanoico

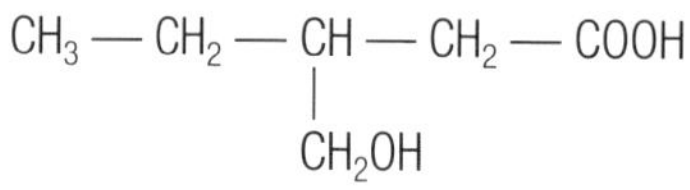

Ácido 3-hidroximetilpentanoico

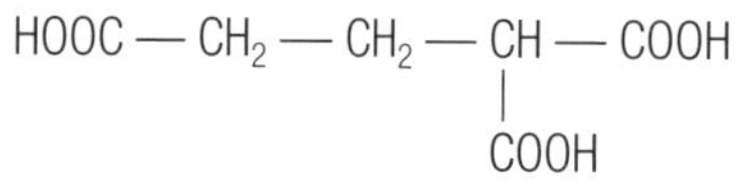

Ácido 2-carboxipentanodioico

$CHO — CH_2 — CH_2 — COOH$ Ácido formilpropanoico

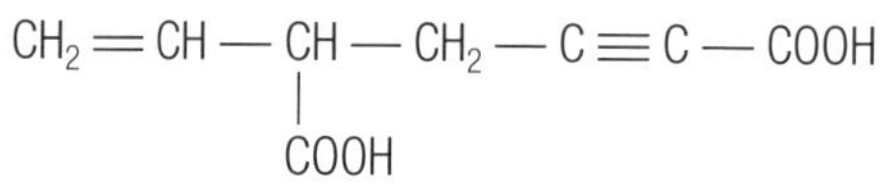

Ácido 5-vinil-2-hexinodioico

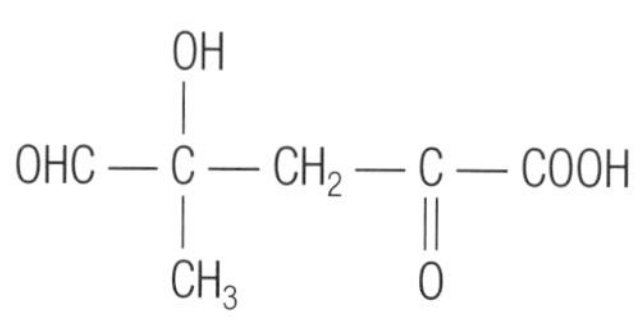

Ácido 4-formil-4-hidroxi-4-metil-2-oxo-pentanoico, o
Ácido formil-4-hidroxi-4-metil-2-oxo-pentanoico

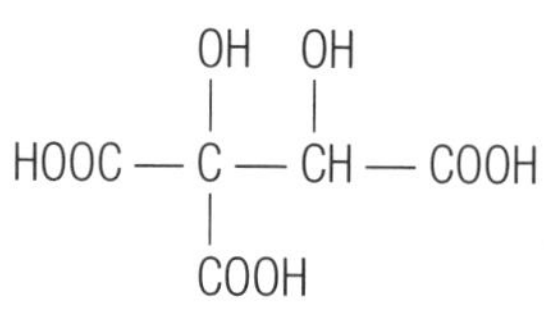

Ácido 2-carboxi-2,3-dihidroxibutanodioico, o
Ácido carboxidihidroxibutanodioico

Nomenclatura clásica

La IUPAC acepta los nombres comunes de muchos ácidos carboxílicos y dicarboxílicos, nombres que son muy frecuentes en el lenguaje químico, oral y escrito.

Formulamos a continuación los ácidos carboxílicos y dicarboxílicos más sencillos e indicamos sus nombres sistemáticos y vulgares.

Fórmula	Nombre sistemático	Nombre común aceptado
$H — COOH$	Ácido metanoico	Ácido fórmico
$CH_3 — COOH$	Ácido etanoico	Ácido acético
$CH_3 — CH_2 — COOH$	Ácido propanoico	Ácido propiónico
$CH_3 — CH_2 — CH_2 — COOH$	Ácido butanoico	Ácido butírico
$CH_3 — (CH_2)_3 — COOH$	Ácido pentanoico	Ácido valeriánico
$HOOC — COOH$	Ácido etanodioico	Ácido oxálico
$HOOC — CH_2 — COOH$	Ácido propanodioico	Ácido malónico
$HOOC — CH_2 — CH_2 — COOH$	Ácido butanodioico	Ácido succínico
$HOOC — (CH_2)_3 — COOH$	Ácido pentanodioico	Ácido glutárico
$HOOC — (CH_2)_4 — COOH$	Ácido hexanodioico	Ácido adípico

Ejercicios de aplicación

36 Nombra los siguientes compuestos:

a) $CH_3 — COOH$

b)

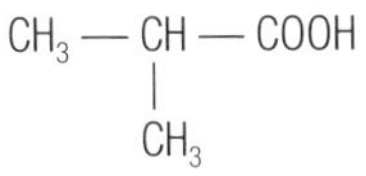

c) $HOOC — COOH$

d) $HOOC — CH_2 — CO — CH_2 — CH_2 — COOH$

e)

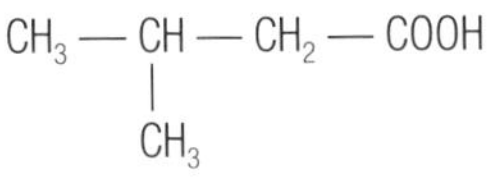

f)

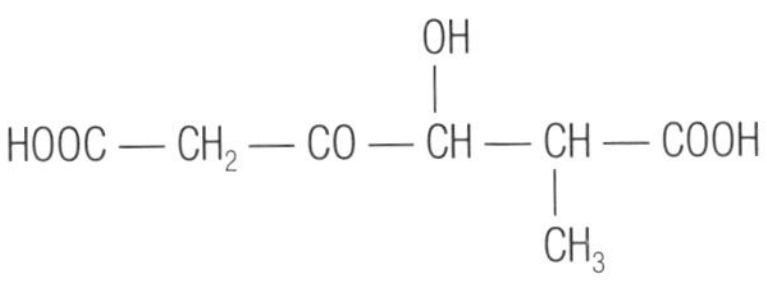

g)

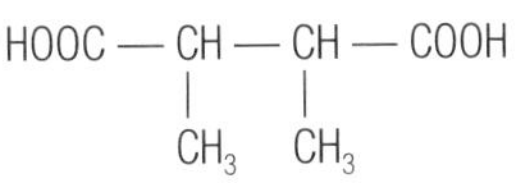

h) $CH_3 — (CH_2)_3 — COOH$

i)

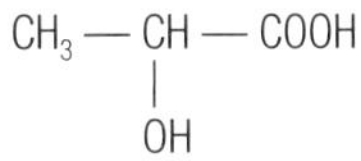

j) $HOOC — CO — CO — COOH$

k) $HOOC — CH{=}CH — COOH$

l)

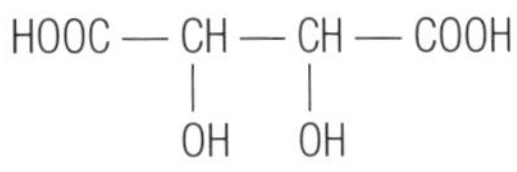

m)

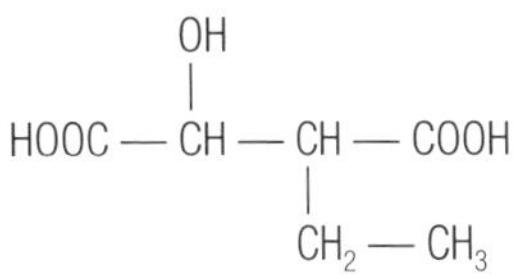

n)

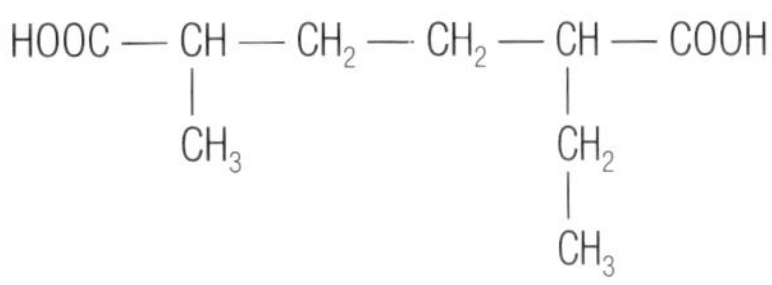

37 Formula los siguientes compuestos:

a) Ácido etanoico

b) Ácido butanodioico

c) Ácido benzoico

d) Ácido 2,3-diclorobutanodioico

e) Ácido 3-carboxipentanodioico

f) Ácido butinodioico

g) Ácido 2,5-octadienodioico

h) Ácido 2-metil-3-pentenoico

i) Ácido 5-fenil-3-oxo-4-hexenoico

j) Ácido 4-hidroxi-7-metil-5-metiletil-8-oxa-2-oxo-6-nonenoico

5 Sales y ésteres de los ácidos carboxílicos

Nomenclatura de sales de ácidos carboxílicos

Se nombran de forma similar a los ácidos carboxílicos suprimiendo la palabra *ácido,* sustituyendo la terminación *-ico* del ácido por *-ato* y concluyendo con *de* nombre del metal.

Los aniones de los ácidos carboxílicos se obtienen por pérdida del protón (ion hidrógeno positivo) del grupo carboxilo. Se nombran reemplazando la terminación *-ico* del ácido por la terminación *-ato* (al igual que en Química Inorgánica).

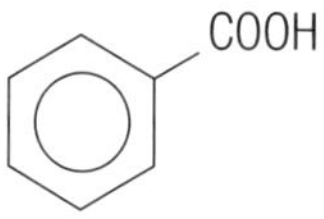

Anión benzoico

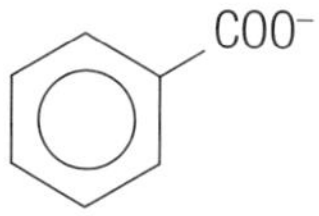

Anión benzoato

Ácido	Anión
CH_3 — COOH	CH_3 — COO^-
Ácido etanoico Ácido acético	Ion (anión) etanoato Ion (anión) acetato

Sal

Su grupo funcional se representa mediante R — COO — metal.

Si sustituimos el protón del grupo carboxilo por un catión, obtenemos las sales de los ácidos carboxílicos.

Ácido	Anión	Sal
CH_3 — COOH	CH_3 — COO^-	CH_3 — COO — Na
Ácido etanoico Ácido acético	Ion (anión) etanoato Ion (anión) acetato	Etanoato de sodio Acetato de sodio
CH_3 — CH_2 — COOH	CH_3 — CH_2 — COO^-	CH_3 — CH_2 — COO — K
Ácido propanoico Ácido propiónico	Ion (anión) propanoato Ion (anión) propionato	Propanoato de potasio Propionato de potasio

Si el hidrógeno es sustituido por *radicales alquílicos,* se obtienen los ésteres.

Ácido	Anión	Éster
$CH_3 — COOH$	$CH_3 — COO^-$	$CH_3 — COO — CH_3$
Ácido etanoico Ácido acético	Ion (anión) etanoato Ion (anión) acetato	Etanoato de metilo Acetato de metilo
$H — COOH$	$H — COO^-$	$H — COO — CH_2 — CH_3$
Ácido metanoico Ácido fórmico	Ion (anión) metanoato Ion (anión) formiato	Metanoato de etilo Formiato de etilo

Éster

Su grupo funcional es el R — COO — R'.

5.1. Nomenclatura de los ésteres

La nomenclatura de los ésteres es igual que la de las sales, pero con el nombre del radical terminado en *-ilo.*

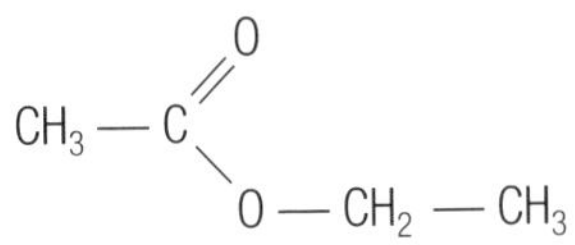

Etanoato de etilo (acetato de etilo)

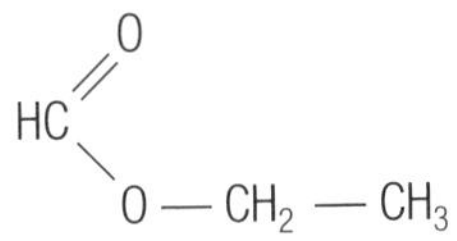

Metanoato de etilo (formiato de metilo)

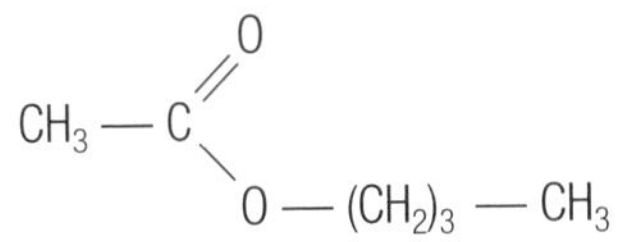

Etanoato de butilo (acetato de butilo)

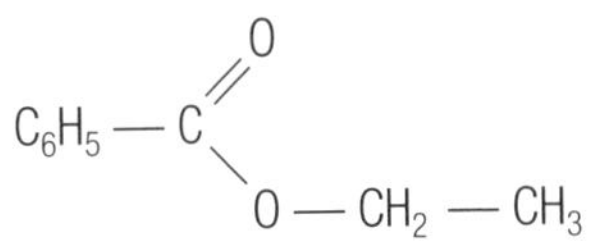

Benzoato de etilo

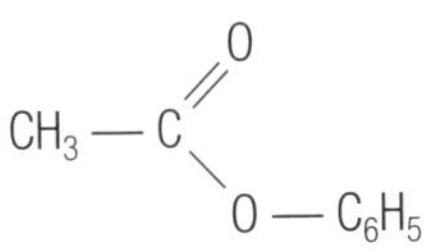

Etanoato de fenilo (acetato de fenilo)

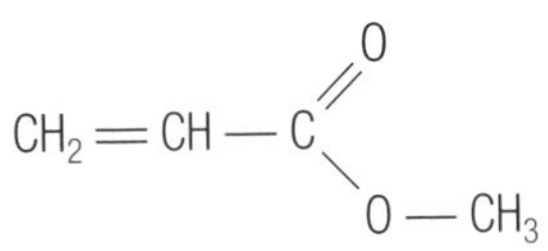

Propenoato de metilo

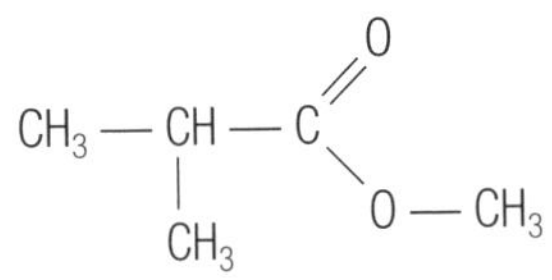

2-metilpropanoato de metilo, o metilpropanoato de metilo

La diferencia entre una sal y un éster reside principalmente en que el enlace oxígeno-metal (— O — Na) de una sal es *iónico,* mientras que el enlace oxígeno-radical alquílico (— O — CH_3) de un éster es *covalente.*

Nomenclatura de ésteres

Si es función principal, se nombran como las sales de los ácidos carboxílicos pero sustituyendo el nombre del metal por el nombre del radical terminado en *-ilo.* Si la función éster interviene como sustituyente se nombra con el prefijo *-oxicarbonil-.*

Cuando la función éster no es la principal o existen tres o más grupos éster, el radical R — COO — se nombra con el prefijo *alcoxicarbonil-* (o *arilocarbonil-*).

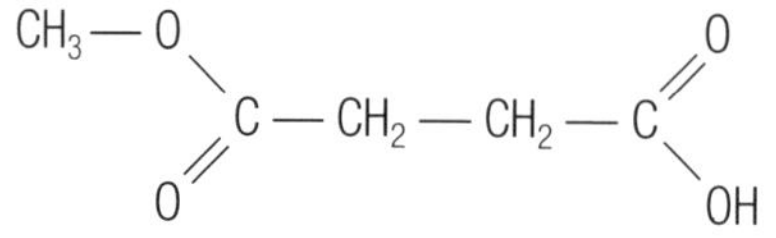

Ácido 3-metoxicarbonilpropanoico, o
Ácido metoxicarbonilpropanoico

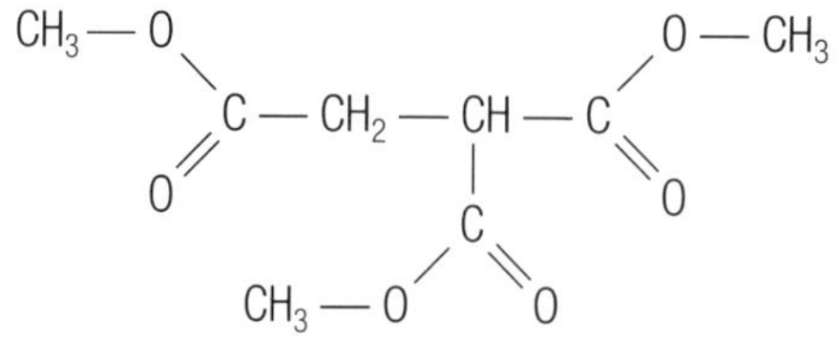

2-metoxicarbonilbutanodioato de dimetilo, o
metoxicarbonilbutanodioato de dimetilo

Ejercicios de aplicación

38 Nombra los siguientes compuestos:

a) $CH_3 - CH_2 - COO - CH_3$

b) $CH_3 - COO - Na$

c) 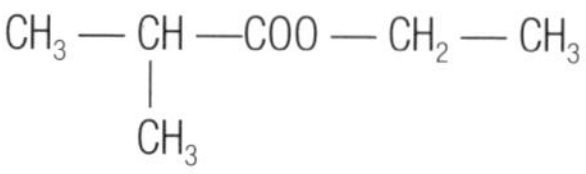

d) 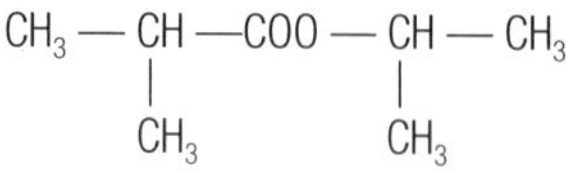

e) $CH_3 - COO - CH_2 - CH_3$

f) $H - COO - CH = CH_2$

g) 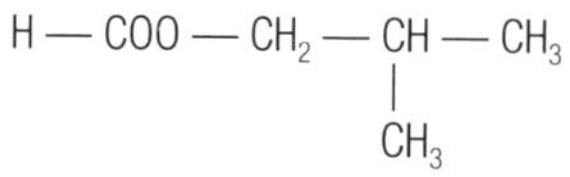

h) 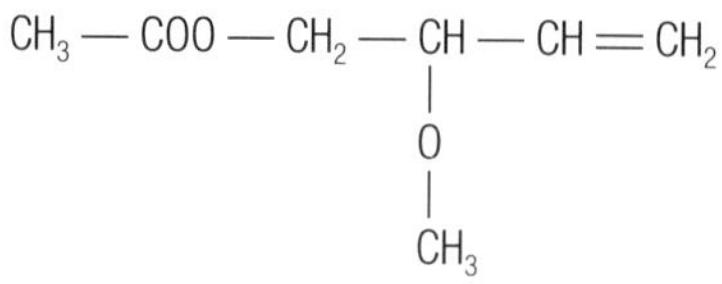

39 Formula los compuestos siguientes:

a) Etanoato de metilo

b) Acetato de etenilo

c) Propanoato de metilo

d) Metanoato de etinilo

e) Propanoato de calcio

f) Isobutanoato de isobutilo

g) Propanoato de metiletilo

h) Metanoato de 2-metil-3-pentenilo

i) Acetato de plata

j) 3-metilbutanoato de 1-hidroxietilo

Función	Nomenclatura		Ejemplo
	Sufijo	Prefijo	
Alcohol (— OH)	-ol	hidroxi-	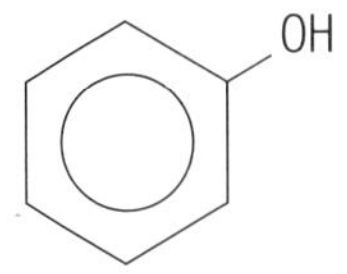 Fenol
Éter (— O —)	-oxi	-oxa	$CH_3 — O — CH_3$ Metoximetano
Aldehído (— CHO)	-al	formil-	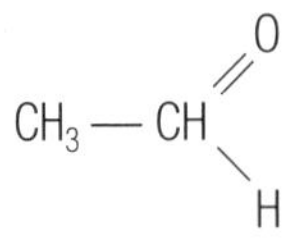 Etanal
Cetona (— CO —)	-ona	oxo-	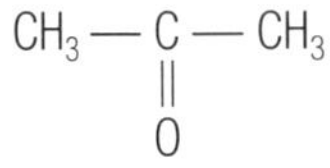 Propanona
Ácido carboxílico (— COOH)	-oico	carboxi-	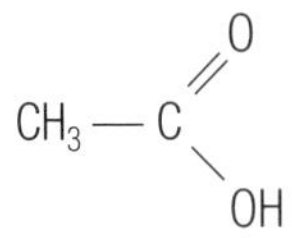 Ácido etanoico
Sales y ésteres (— COO —)	-oato de ...-ilo	alcoxicarbonil-	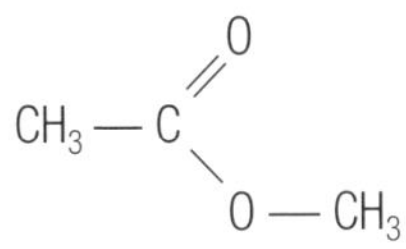 Etanoato de metilo

Señala la/s respuesta/s correcta/s:

1 El $CH_3 — O — CH_2 — CH_3$ se nombra:

a) Metoxietano

b) Etoximetano

c) Etilmetiléter

d) Oxietilmetil

2 La fórmula química del oxobutanodial es:

a)

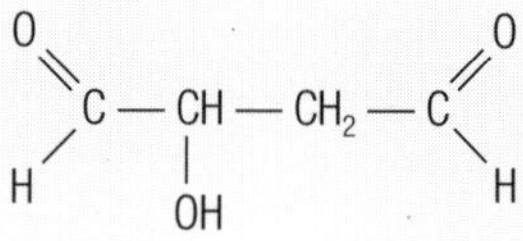

b)

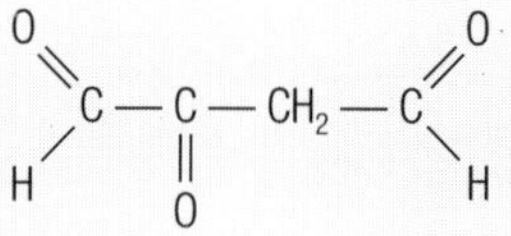

c) $OHC — CH_2 — O — CH_2 — CHO$

d) $OHC — CH_2 — CO — CHO$

3 ¿Cuál es el nombre más correcto de: $HOOC — CH{=}CH — COOH$ y por qué?

a) Ácido butanoico-2-eno

b) Ácido butenodioico

c) Ácido 2-butenodioico

d) Ácido 3-carboxi-2-propenoico

4 Indica cuál es la cadena principal de la molécula:

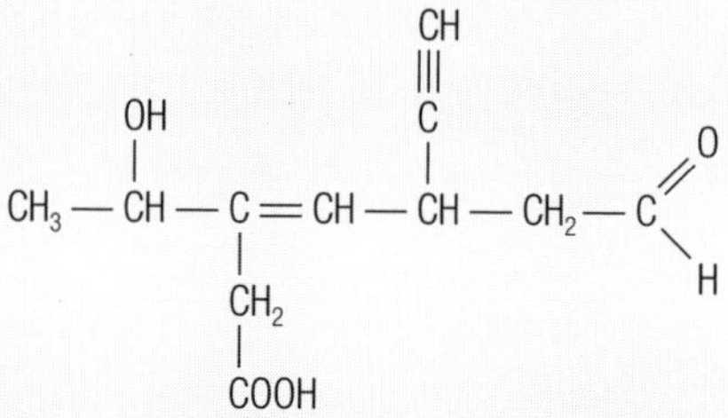

a)

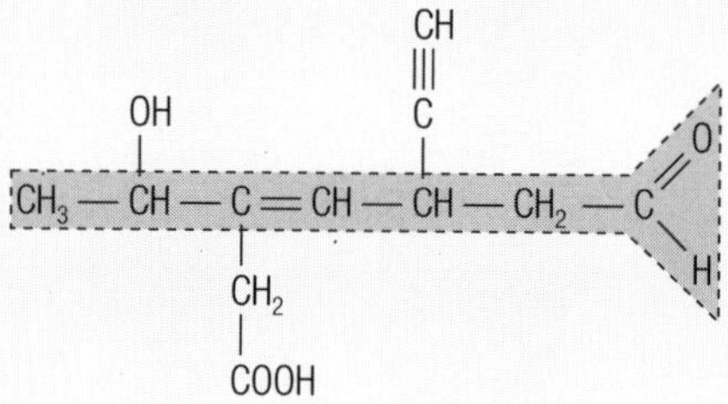

b)

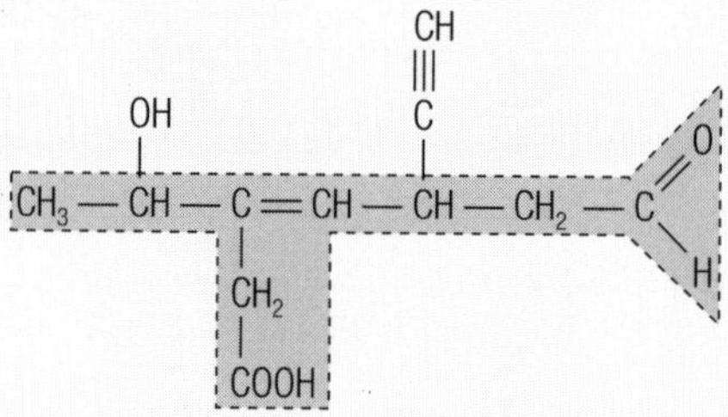

c)

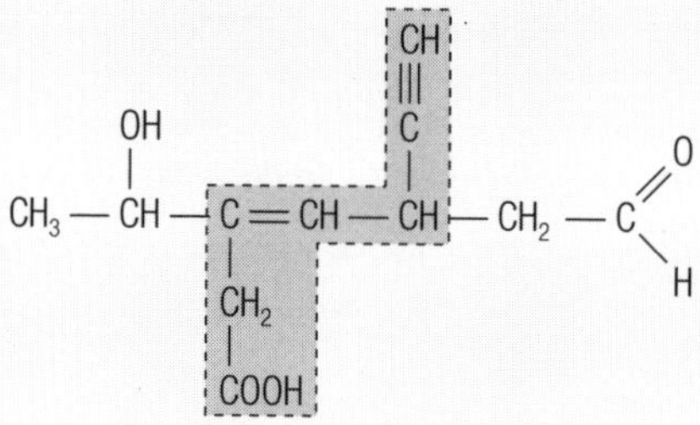

d)

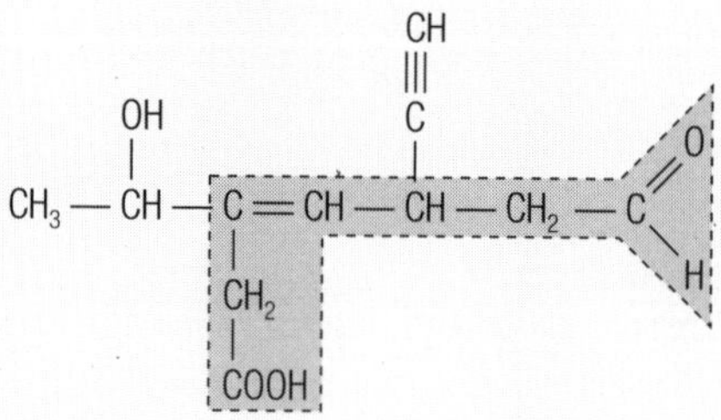

4. Compuestos nitrogenados

Son compuestos constituidos por carbono, hidrógeno y nitrógeno; algunos de ellos pueden contener oxígeno. Aquí estudiaremos las aminas, amidas, nitrilos y nitroderivados.

1 Aminas

Son derivados del amoníaco (NH_3) que se forman al sustituir uno, dos o tres átomos de hidrógeno por radicales. Según se produzca la sustitución de uno, dos o los tres átomos de hidrógeno del amoníaco, tendremos las *aminas primarias, secundarias* o *terciarias*.

1.1. Nomenclatura de aminas

En los compuestos en los que la función amina es la principal, la nomenclatura es la siguiente:

- Las **aminas primarias** se nombran añadiendo el sufijo *-amina* al nombre del hidrocarburo del que proceden o al del radical unido al átomo de nitrógeno.

CH_3-NH_2	Metanamina o metilamina
$CH_3-CH_2-NH_2$	Etanamina o etilamina
$CH_3-CH_2-CH_2-NH_2$	Propanamina o propilamina
$CH_3-CH=CH-NH_2$	1-propenamina o 1-propenilamina
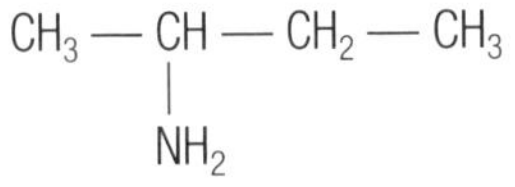	2-butanamina o 1-metilpropilamina
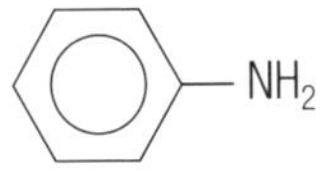	Bencenamina o fenilamina (anilina)

- Las **aminas secundarias** y **terciarias** se nombran como derivadas de las aminas primarias al sustituir átomos de hidrógeno unidos al nitrógeno por radicales. Se toma como cadena principal la que presenta el radical más complejo. Si la sustitución queda indeterminada se localiza anteponiendo la letra *N* mayúscula, y que en los libros aparece en cursiva; esto indica que la sustitución se ha realizado en el nitrógeno.

$CH_3-NH-CH_3$	Metilmetanamina o dimetilamina
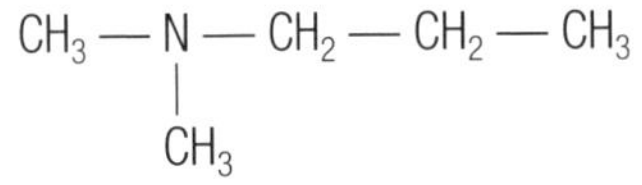	*N,N*-dimetil-1-propanamina, o *N,N*-dimetil-propilamina
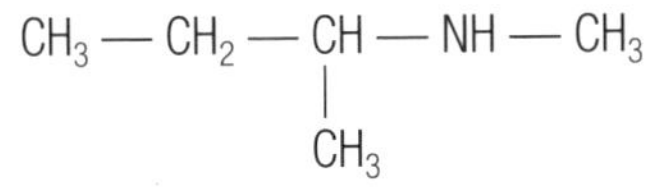	*N*-metil-2-butanamina, o *N*-metil-1-metilpropilamina
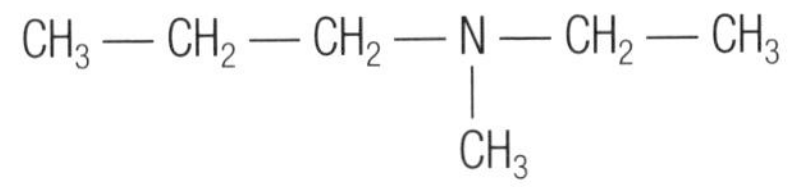	*N*-etil-*N*-metil-1-propanamina, o *N*-etil-*N*-metil-propilamina

Amina

Su grupo funcional es la función amina ($R-NH_2$, $R-NH-R'$, o bien, $R-N(R'')-R'$, según sea primaria, secundaria o terciaria).

Nomenclatura de aminas

Si es función principal, se nombran añadiendo al hidrocarburo del que proceden el sufijo *-amina.* Si la función éster interviene como sustituyente se nombra con el prefijo *-amino-*.

1.1. Poliaminas

Son compuestos que poseen varios grupos amina. Su nombre depende de si los átomos de nitrógeno forman o no parte de la cadena principal.

a) Si los átomos de nitrógeno forman parte de la cadena principal, en forma de aminas primarias (— NH_2), se nombran anteponiendo los numerales *di-, tri-, tetra-,* etc., al sufijo *-amina.*

$$NH_2 - \overset{1}{C}H_2 - \overset{2}{C}H_2 - \overset{3}{C}H_2 - NH_2$$

1,3-propanodiamina

Los grupos — NH_2 que están unidos a carbonos secundarios o terciarios pueden nombrarse mediante el vocablo *amino.* Se indica la posición de los grupos amino por medio de localizadores.

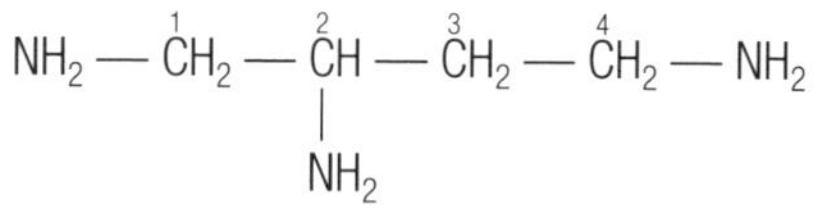

1,2,4-butanotriamina, o
2-amino-1,4-butanodiamina

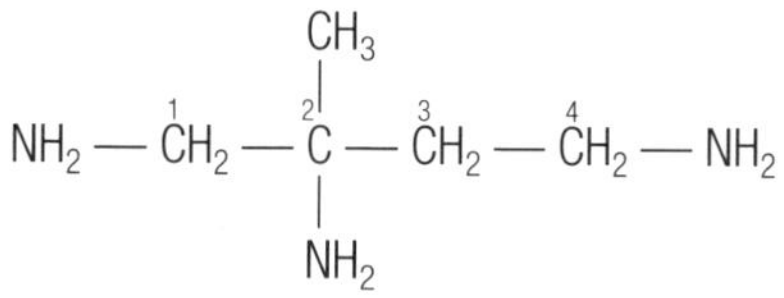

2-metil-1,2,4-butanotriamina, o
2-amino-2-metil-1,4-butanodiamina

Nomenclatura de poliaminas

Si la función amina está en la cadena principal en forma de amina primaria (— NH_2) se nombran con los sufijos *-diamina, -triamina...*; si lo hace como amina secundaria (— NH —) o terciaria (— N —), con los prefijos *diaza-, triaza-...* Cuando interviene como sustituyente se utiliza el sufijo *-diamina.*

b) Si los átomos de nitrógeno son integrantes de la cadena principal, en forma de aminas secundarias (— NH —) o terciarias (— N —), se designan mediante el vocablo *aza,* indicando su posición con localizadores y empleando los numerales *di, tri, tetra,* etc.

$$\overset{8}{C}H_3 - \overset{7}{N}H - \overset{6}{C}H_2 - \overset{5}{C}H_2 - \overset{4}{N}H - \overset{3}{C}H_2 - \overset{2}{N}H - \overset{1}{C}H_3$$

2,4,7-triazaoctano

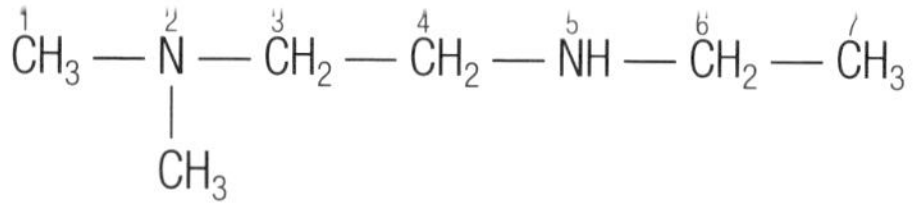

2-metil-2,5-diazaheptano

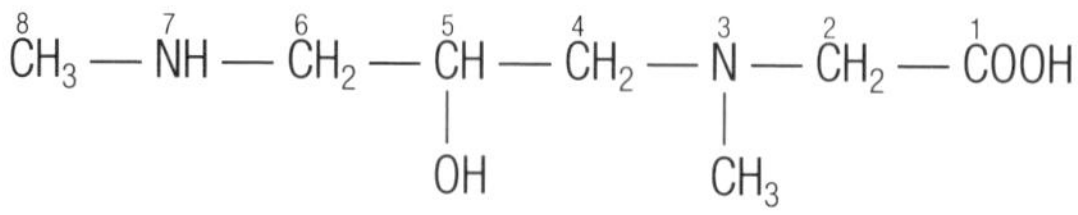

Ácido 5-hidroxi-3-metil-3,7-diazaoctanoico

Debemos hacer algunas observaciones:

- En la cadena principal se numeran tanto los átomos de carbono como los de nitrógeno.
- Se empieza a numerar de forma que si hay un ácido carboxílico, este es el carbono 1; si hay un grupo — OH, este tiene preferencia sobre la amina.

c) Si los átomos de nitrógeno no forman parte de la cadena principal, se citan mediante prefijos tales como *amino* (— NH_2), *metilamino* (— NH — CH_3), *aminometil* (— CH_2 — NH_2), etc.

Para indicar la posición de los átomos de nitrógeno en estos compuestos se hace mediante los localizadores.

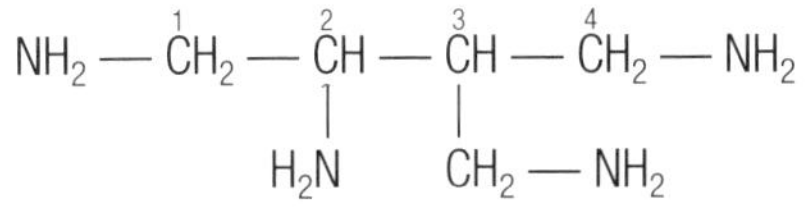

2-amino-3-aminometil-1,4-butanodiamina, o
3-aminometil-1,2,4-butanotriamina

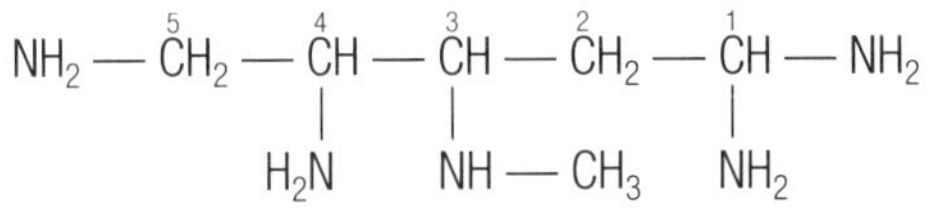

1,4-diamino-3-metilamino-1,5-pentanodiamina, o
3-metilamino-1,1,4,5-pentanotetramina

Cuando el grupo amina se encuentra en una cadena (principal o no) de un compuesto en el que existe otro grupo que tiene preferencia sobre el grupo amina, se siguen los criterios expuestos en los apartados *b)* y *c)*.

Veamos algunos ejemplos:

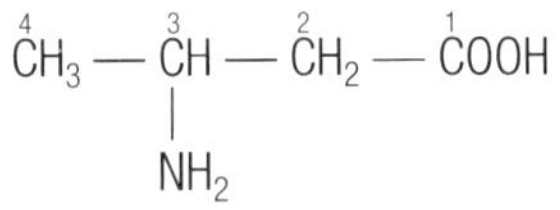

Ácido 3-aminobutanoico

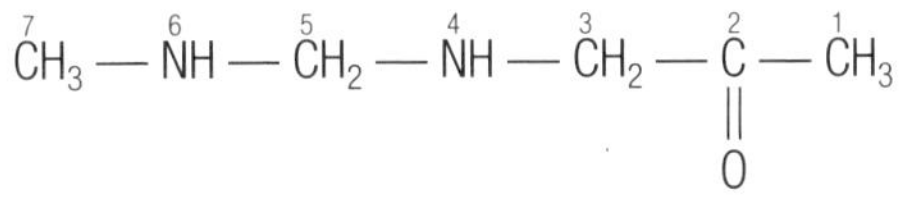

4,6-diaza-2-heptanona

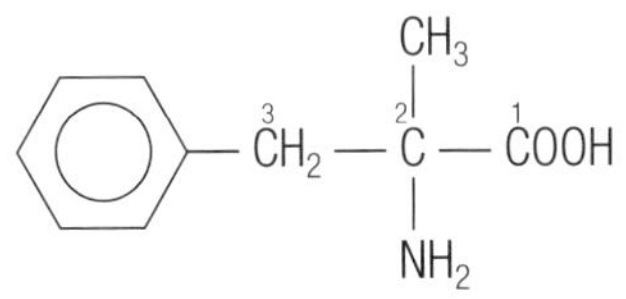

Ácido 2-amino-3-fenil-2-metilpropanoico

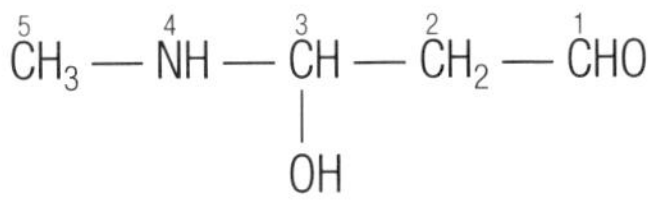

4-aza-3-hidroxipentanal

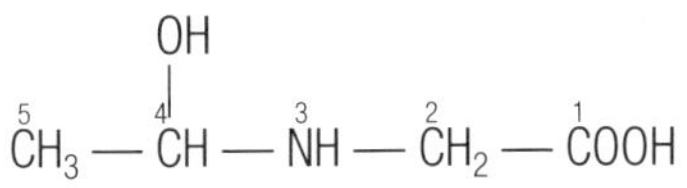

Ácido 3-aza-4-hidroxipentanoico

Radical amina

Si el nitrógeno no está en la cadena principal, se nombra anteponiendo la palabra *-amino* al hidrocarburo del que procede.

40 Nombra los siguientes compuestos:

a) $CH_3 - CH_2 - NH_2$

b) 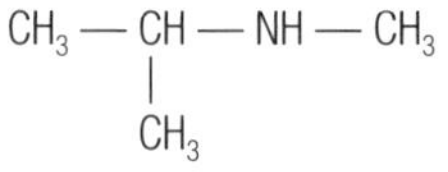

c) 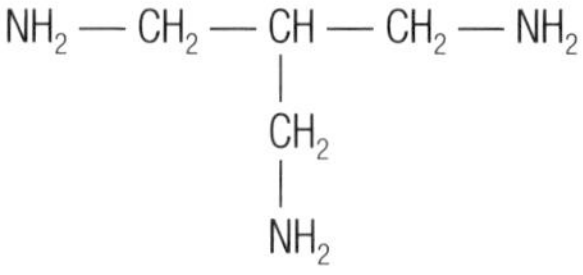

d) 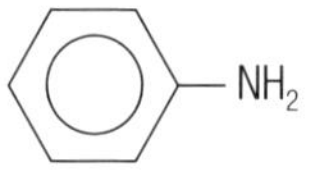

e) $CH_3 - NH - CH_3$

f) 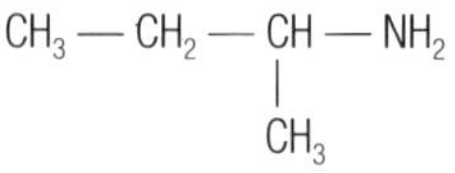

g) 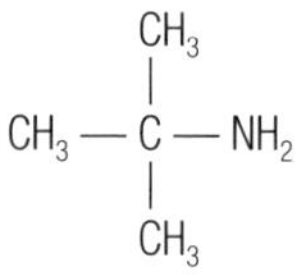

h) $NH_2 - CH_2 - CH_2 - CH_2 - NH_2$

i) 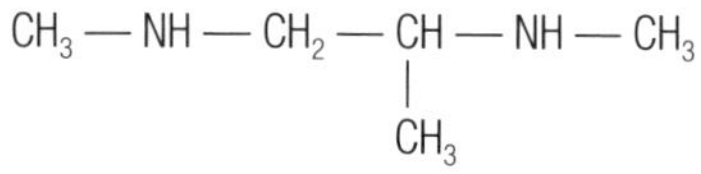

j) 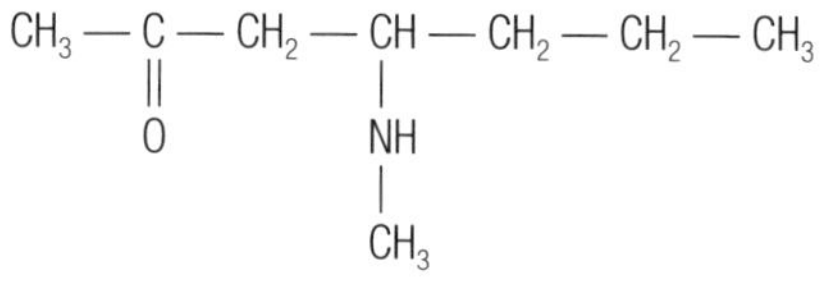

k) 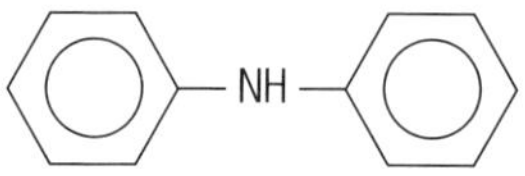

l) $CH_3 - NH - CH_2 - CH_2 - CH_2 - NH - CH_3$

m) $NH_2 - CH_2 - CH_2 - COOH$

n) 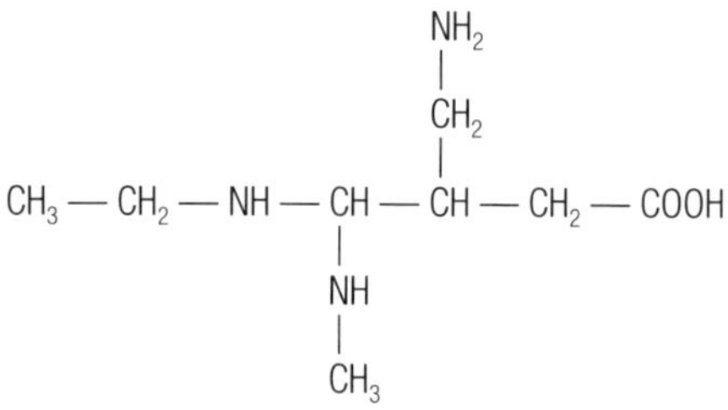

41 Formula los compuestos siguientes:

a) Propanoamina

b) Dimetilamina

c) Butilpropilamina

d) 2-propenamina

e) 2,3-dimetilfenilamina (2,3-dimetilanilina)

f) 2-metoxifenilamina

g) 1,3-pentanodiamina

h) 1,4,5-hexanotriamina

i) (1,1-dimetiletil) metilamina

j) 2-amino-4-metil-2,5-diazahexano

2 Amidas

Las amidas son compuestos que se pueden considerar derivados de los ácidos al sustituir su grupo — OH por el grupo — NH_2. La característica fundamental de las amidas es la unión del nitrógeno al carbono del grupo carbonilo $(-\underset{\underset{NH_2}{|}}{C}=O)$, en sustitución del grupo — OH del ácido.

Existen distintos tipos de amidas, según el número de hidrógenos del nitrógeno sustituidos. Por ejemplo:

Amidas primarias	$R-\overset{\overset{O}{\|}}{C}-NH_2$	Un grupo $R-\underset{\|}{C}=O$ unido al nitrógeno.
Amidas secundarias	$R-\overset{\overset{O}{\|}}{C}-NH-\overset{\overset{O}{\|}}{C}-R'$	Dos grupos $R-\underset{\|}{C}=O$ unidos al nitrógeno.
Amidas terciarias	$R-\overset{\overset{O}{\|}}{C}-\underset{\underset{\underset{\underset{R''}{\|}}{C=O}}{\|}}{N}-\overset{\overset{O}{\|}}{C}-R'$	Tres grupos $R-\underset{\|}{C}=O$ unidos al nitrógeno.

2.1. Nomenclatura de amidas

Si la **función amida** es la **principal**, se nombran sustituyendo la terminación *-oico* del ácido del que derivan por el sufijo *-amida*.

$H-\overset{\overset{O}{\|}}{C}-NH_2$

Metanamida

$CH_3-CH_2-\overset{\overset{O}{\|}}{C}-NH_2$

Propanamida

$CH_3-CO-NH_2$

Etanamida

$C_6H_5-CO-NH_2$

Benzamida

$CH_3-\underset{\underset{CH_3}{|}}{CH}-CO-NH_2$

2-metilpropanamida, o metilpropanamida

$CH_2=CH-CH_2-CO-NH_2$

3-butenamida

Las **amidas secundarias** o **terciarias** en las que los sustituyentes de otros hidrógenos del nitrógeno no contengan el grupo amida, se nombran anteponiendo la letra *N* mayúscula, que en los libros de texto aparece en cursiva; esto nos indica que la sustitución se ha realizado en el nitrógeno.

$CH_3-CO-NH-CH_2-CH_3$

N-etilacetamida

$CH_3-CH_2-CO-\underset{\underset{CH_3}{|}}{N}-CH_3$

N,N-dimetilpropanamida

Amida

Su grupo funcional es la función amida

$R-\overset{\overset{O}{\|}}{C}-NH_2$,

$R-\overset{\overset{O}{\|}}{C}-NH-\overset{\overset{O}{\|}}{C}-R'$,

o bien, $R-\overset{\overset{O}{\|}}{C}-\underset{\underset{\underset{\underset{R''}{|}}{C=O}}{|}}{N}-\overset{\overset{O}{\|}}{C}-R'$,

según sea primaria, secundaria o terciaria.

Nomenclatura de amidas

Si la función amida forma parte de la cadena principal, se sustituye el término *-oico* del ácido del que proceden por el sufijo *-amida*. Si la función amida interviene como sustituyente se antepone el prefijo *di-*, o bien, *tri-* al vocablo que resulta de sustituir el término *-oico* del ácido del que proceden por el sufijo *-amida*.

La **amidas secundarias** (o **terciarias**) **simétricas**, es decir, que tengan los radicales R y R' (o R, R' y R'') iguales, se nombran anteponiendo el prefijo *di-* (o *tri-*) al nombre de la amina primaria correspondiente.

El prefijo *di-* (o *tri-*) puede intercalarse también entre el nombre del hidrocarburo del que derivan los radicales iguales (R — CO —) y el sufijo *-amida*.

$CH_3 — CO — NH — CO — CH_3$

Dietanamida

$CH_3 — CH_2 — CO — NH — CO — CH_2 — CH_3$

Dipropanamida

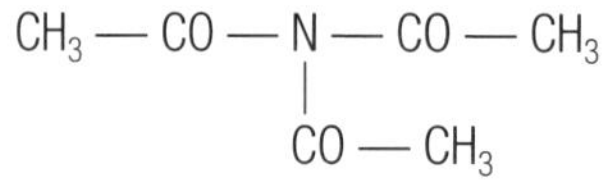

Trietanamida

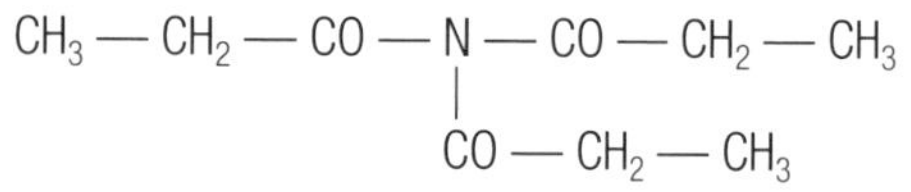

Tripropanamida

Las **amidas secundarias** (o **terciarias**) **no simétricas**, es decir, que no tengan iguales los radicales R y R' (o R, R' y R''), se nombran anteponiendo el prefijo *di-* (o *tri-*) al vocablo que resulta de sustituir, en los nombres de los ácidos de los que derivan, la terminación *-oico* por el sufijo *-amida*. El prefijo *di-* (o *tri-*) puede intercalarse también entre los nombres de los hidrocarburos de los que derivan los radicales R — CO — y R' — CO — (o R — CO —, R' — CO — y R'' — CO —) y el sufijo *-amida*.

$CH_3 — CO — NH — CO — CH_2 — CH_3$

*Di*etanpropanamida, o
etanopropano*di*amida

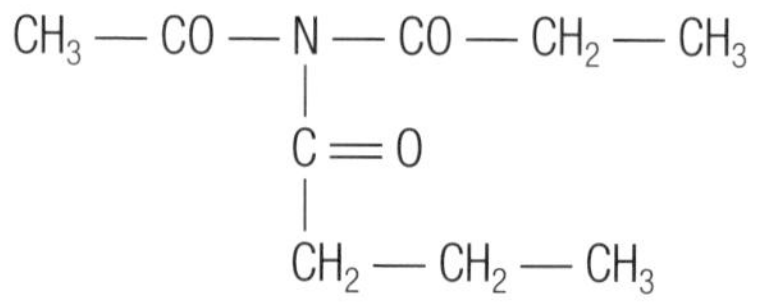

*Tri*butanetanpropanamida, o
butanoetanopropano*tri*amida

Prioridad de la función amida

Radical amida

Cuando la función amida no es la principal, o existen tres o más grupos amida, se antepone, al nombre del radical, el prefijo *carbamoil-*.

Si la función amida no es la principal o existen tres o más grupos amida, el radical — CO — NH_2 se designa mediante el prefijo *carbamoil-*.

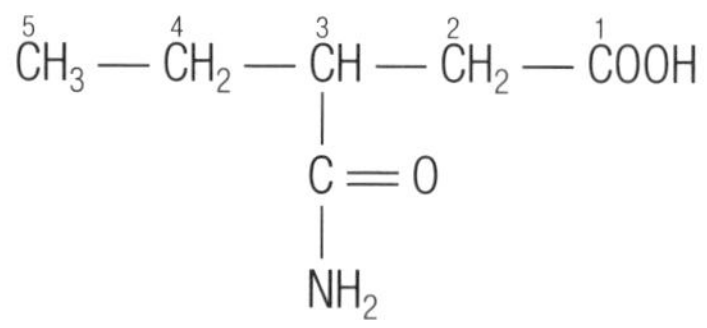

Ácido 3-carbamoilpentanoico

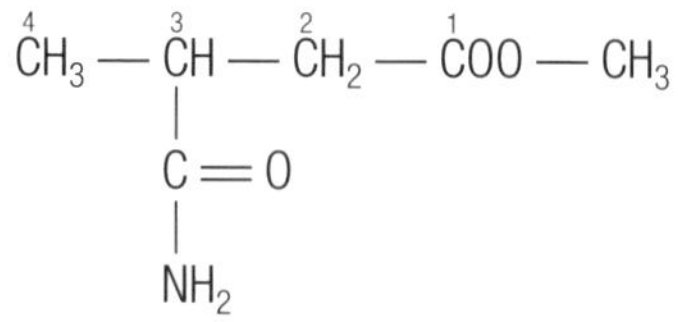

3-carbamoilbutanoato de metilo

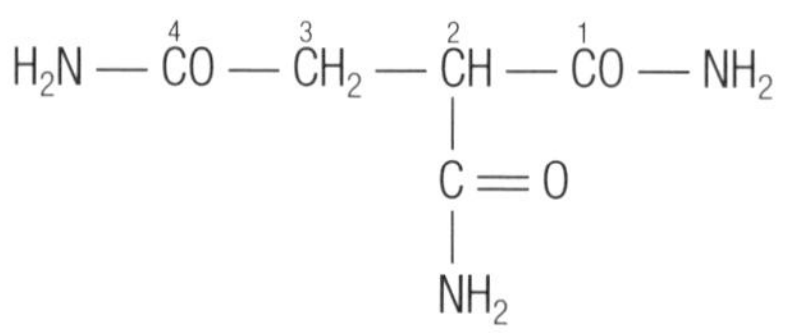

2-carbamoilbutanodiamida, o
carbamoilbutanodiamida

42 Nombra los compuestos siguientes:

a) 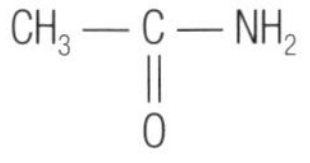

b) 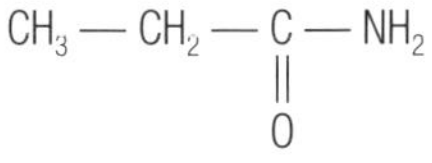

c) 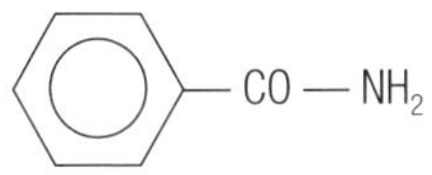

d) 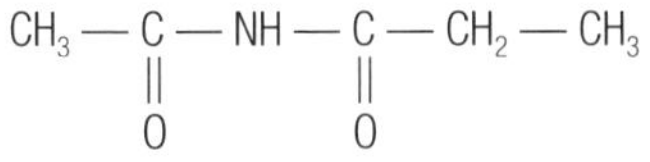

e) 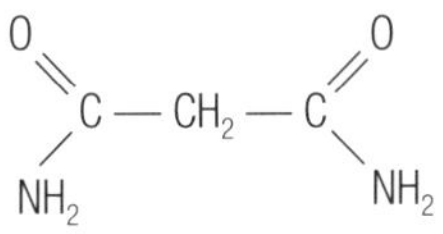

f) 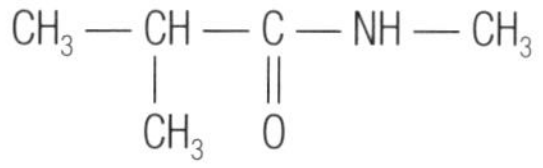

g) 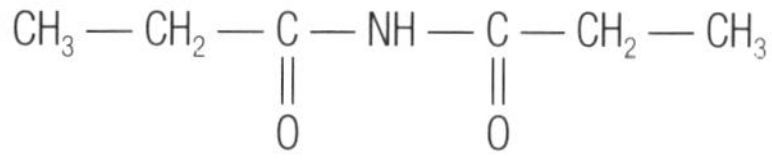

h) 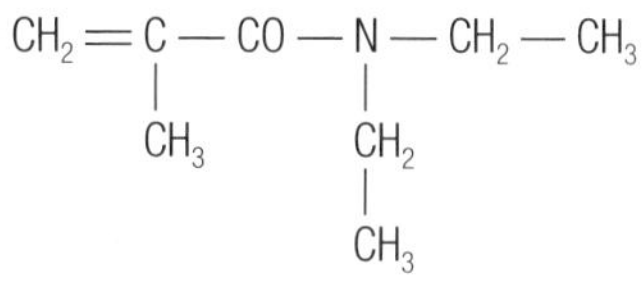

i) 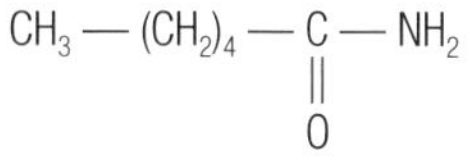

j) 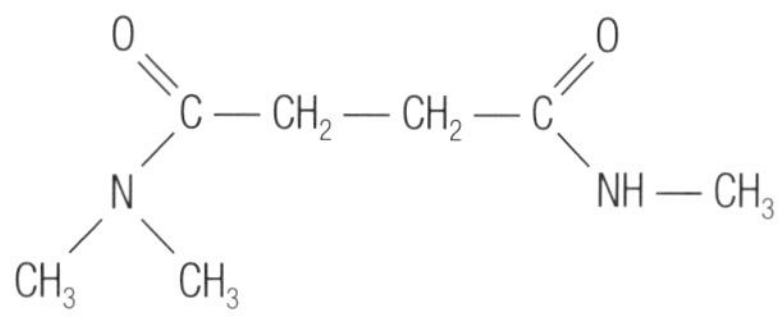

3 Nitrilos o cianuros

Se pueden considerar derivados de los hidrocarburos al sustituir tres átomos de hidrógeno de un átomo de carbono terminal por un átomo de nitrógeno. El grupo característico de los nitrilos es $-C\equiv N$, donde necesariamente el átomo de carbono ha de ser primario.

Nitrilo

Su grupo funcional es el $-C\equiv N$.

3.1. Nomenclatura de nitrilos

Se nombran añadiendo el sufijo *-nitrilo* al nombre del hidrocarburo de igual número de átomos de carbono. Si existen dos grupos $-C\equiv N$ se añade el sufijo *-dinitrilo*. También se pueden nombrar como *cianuros de alquilo*, considerándolos derivados del ácido cianhídrico ($H-C\equiv N$).

$CH_3-C\equiv N$	Etanonitrilo, o cianuro de metilo
$CH_3-CH_2-C\equiv N$	Propanonitrilo, o cianuro de etilo
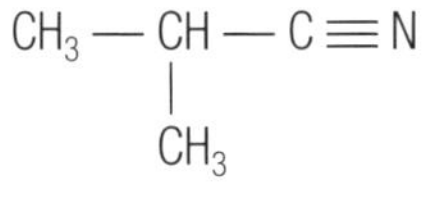	2-metilpropanonitrilo, o metilpropanonitrilo, o cianuro de 1-metiletilo, o cianuro de metiletilo
$CH_2=CH-C\equiv N$	Propenonitrilo, o cianuro de etenilo
$NC-CH_2-CH_2-CN$	Butanodinitrilo
$CH_3-CH=CH-CH_2-CH_2-CN$	4-hexenonitrilo, o cianuro de 3-pentenilo
$CH_3-CH_2-C\equiv C-CN$	2-pentinonitrilo, o cianuro de 1-butinilo

Nomenclatura de nitrilos

Si la función nitrilo forma parte de la cadena principal, se nombran añadiendo el sufijo *-nitrilo* al nombre del hidrocarburo de igual número de átomos de carbono. Si no es preferente se utiliza el prefijo *ciano-*.

Cuando hay otras funciones que tienen preferencia sobre el grupo — C ≡ N, este se considera como sustituyente y se nombra con el prefijo *ciano-*.

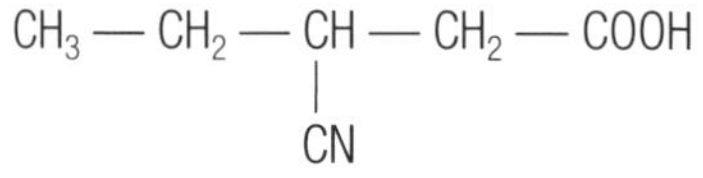

Ácido 3-cianopentanoico

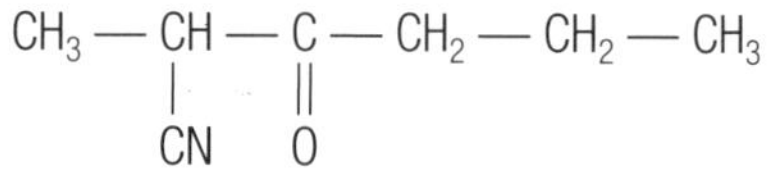

2-ciano-3-hexanona, o
2-cianohexanona

Ejercicios de aplicación

43 Formula o nombra, según corresponda, los siguientes compuestos:

a) $CH_3 — C \equiv N$

b) 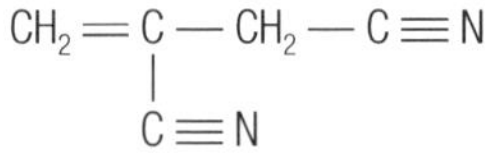

c) Ácido 3-ciano-5-fenil-5-hexenoico

d) 2-hidroxi-3-metil-1,4-butanodinitrilo, o
2-hidroxi-3-metilbutanodinitrilo

4 Nitroderivados

Nitroderivado

Su grupo funcional es el grupo nitro ($—NO_2$).

Son compuestos que se obtienen al sustituir uno o más átomos de hidrógeno de un hidrocarburo por grupos nitro ($— NO_2$). El grupo nitro ($— NO_2$) procede del ácido nítrico ($HO — NO_2$).

La fórmula semidesarrollada de los nitroderivados es 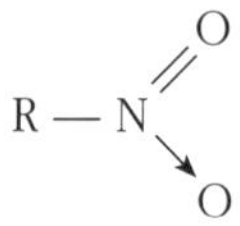 donde la flecha indica un enlace covalente coordinado o dativo.

4.1. Nomenclatura de nitroderivados

Nomenclatura de nitroderivados

La función nitro nunca forma parte de la cadena principal, se nombran añadiendo el prefijo *nitro-* al nombre del hidrocarburo del que proceden.

El grupo $— NO_2$ nunca se considera como función principal; en todos los compuestos es sustituyente y se designa siempre mediante el prefijo *nitro-*.

$CH_3 — NO_2$

Nitrometano

$CH_3 — CH_2 — NO_2$

Nitroetano

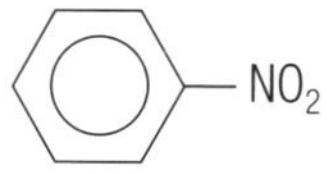

Nitrobenceno

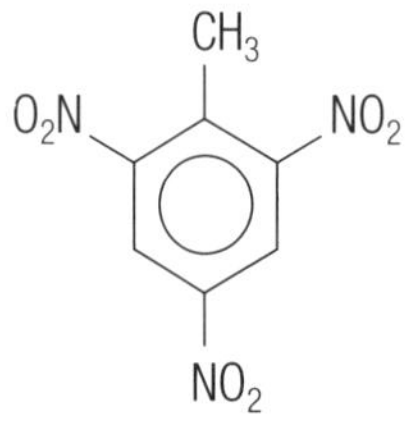

1-metil-2,4,6-trinitrobenceno, o
metil-2,4,6-trinitrobenceno, o
2,4,6-trinitrotolueno (TNT)

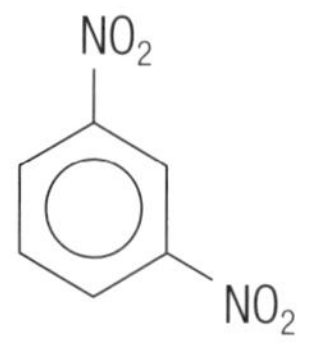

1,3-dinitrobenceno, o
m-dinitrobenceno

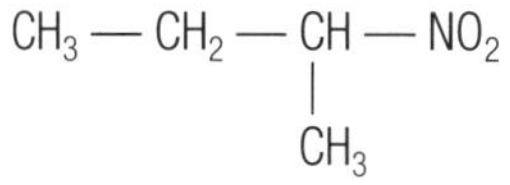

2-nitrobutano

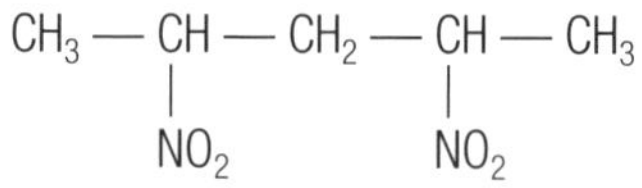

2,4-dinitropentano

Ejercicios de aplicación

44 Formula o nombra, según corresponda, los siguientes compuestos:

a) 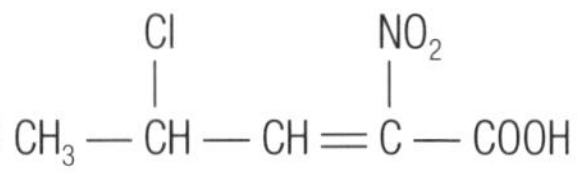

b) m-nitroanilina (m-nitrofenilamina)

c) 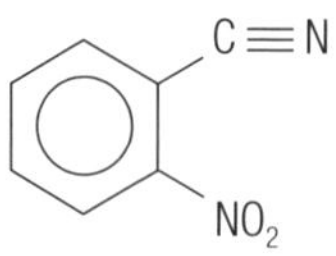

d) 2-amino-5-nitro-3-hexinodial, o
2-amino-5-nitrohexinodial

Función	Nomenclatura		Ejemplo
	Sufijo	Prefijo	
Aminas ($R — NH_2$)	-amina	amino-	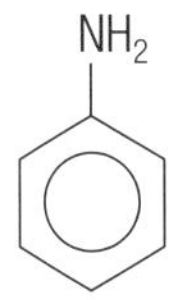 Fenilamina
Amidas ($R — C(=O)NH_2$)	-amida	carbamoil-	$CH_3 — C(=O)NH_2$ Etanamida (Acetamida)
Nitrilos ($R — C \equiv N$)	-nitrilo	ciano-	$CH_3 — CH_2 — CH_2 — CN$ Butanonitrilo
Nitroderivados ($R — NO_2$)	—	nitro-	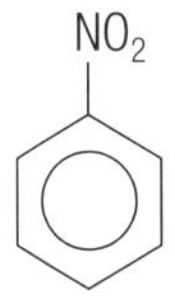 Nitrobenceno

— El grupo nitro ($— NO_2$) siempre se considera sustituyente en la cadena carbonada. Nunca lo podremos encontrar como función principal; esta es la razón de que en la tabla solo aparezca como prefijo.

— Cuando el grupo amida no es la función principal de la molécula se utiliza el sufijo *carbamoil-*, que incluye el carbono del grupo funcional. En este mismo caso se encuentra el grupo *ciano,* que también incluye el carbono del grupo funcional.

Señala la/s respuesta/s correcta/s:

1 El $CH_3-\overset{\displaystyle O}{\overset{\|}{C}}-NH-CH_3$ se nombra:

a) 3-oxo-2-azabutano

b) *N*-metilacetamida

c) 3-azabutanona

d) Metiloxoetilamina

2 La fórmula química de la 2-etil-4-metil-4-metilaminopentenamida es:

a) 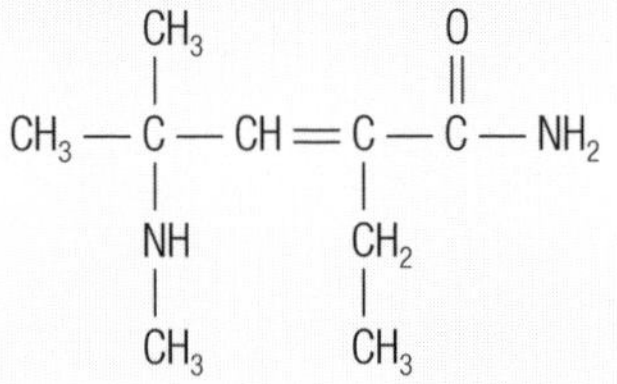

b) 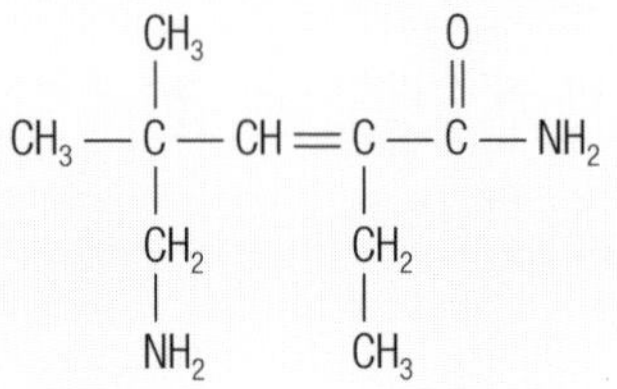

c) 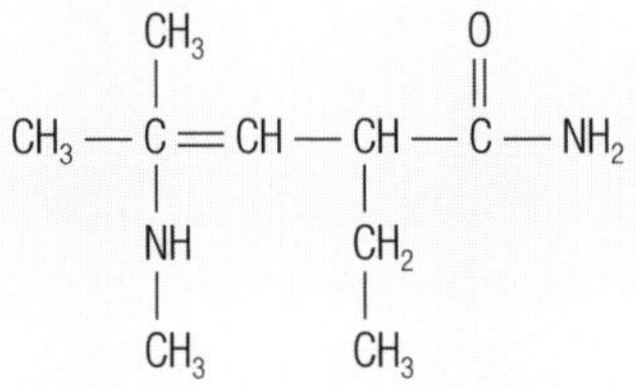

d) 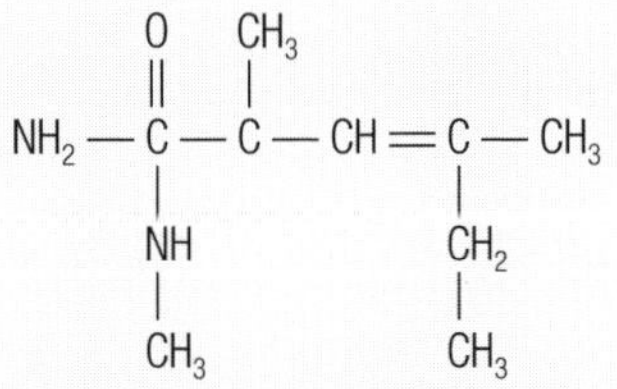

3 Indica el nombre correcto de:

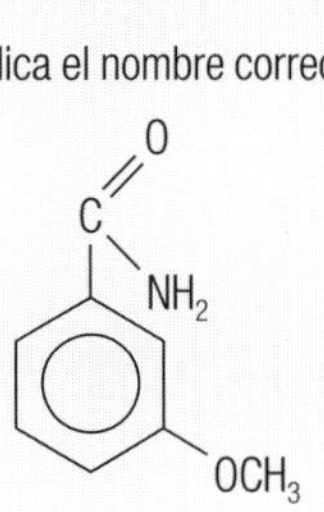

a) 3-carbamoil-1-metiléter

b) 1-amida-3-metoxifenilo

c) metaamidametoxibenceno

d) m-metoxibenzamida

4 Señala cuál es la cadena principal de la molécula

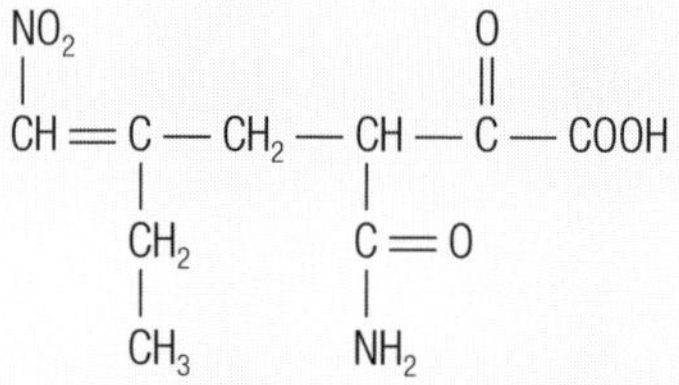

a) 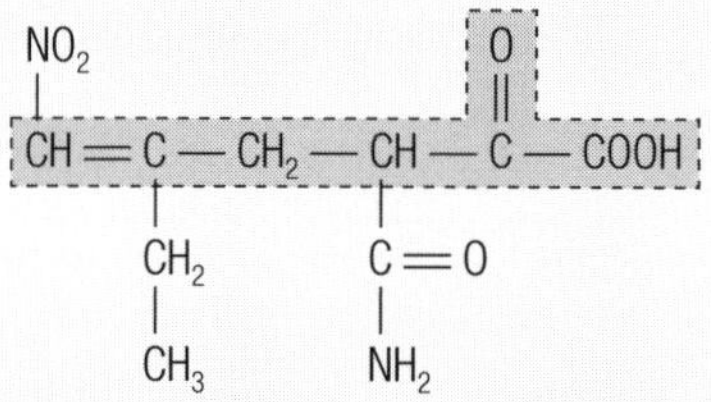

b) 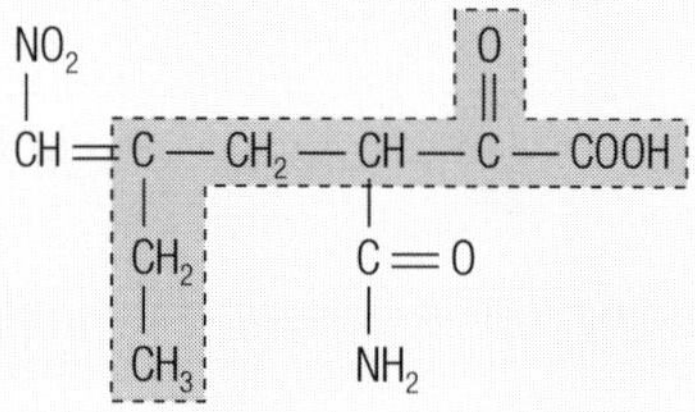

c) 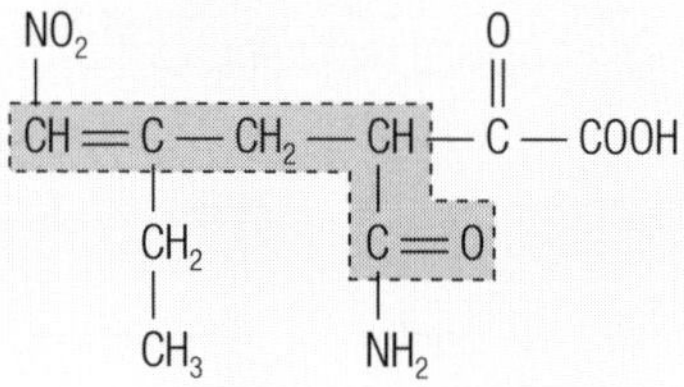

d) 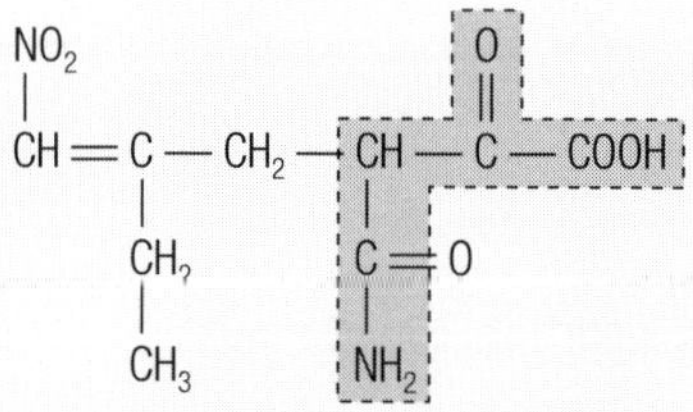

5. Compuestos con más de una función

Para formular o nombrar compuestos que presenten varias funciones orgánicas ya estudiadas, se deben tener en cuenta los siguientes criterios:

a) Elegir la función principal.

b) Determinar la cadena principal.

c) Numerar el sistema, colocando localizadores si fuera necesario.

d) Formular o nombrar el compuesto.

Como función principal se elige la que se encuentra antes en la tabla siguiente, en la que se detalla el orden de preferencia de las funciones orgánicas. Por supuesto, estas funciones no son exhaustivas, pero sí suficientes para nombrar la mayor parte de los compuestos que deberemos formular. Por ejemplo, el — CO — se halla situado antes que el — OH, de modo que, para nombrar el compuesto $CH_2OH — CH_2 — CO — CH_3$, escribiremos 4-hidroxi-2-butanona y no 3-oxo-1-butanol. La determinación de la cadena principal y la numeración se realizan siguiendo los criterios expuestos en las páginas anteriores.

Compuesto polifuncional

Aquel que posee varias funciones orgánicas. Para nombrarlo, lo primero es elegir la cadena principal, que será la que contenga la función principal.

1 Preferencia de grupos funcionales

Fórmula	Función	Sufijo (si es grupo principal)	Prefijo (si es sustituyente)
$CH_3 — COOH$	Ácidos	-oico	carboxi-
R — COO — R'	Ésteres (o sales)	-oato	alcoxicarbonil-** ariloxicarbonil-**
$R — CO — NH_2$	Amidas	-amida	carbamoil-*
R — CHO	Aldehídos	-al	oxo- formil-*
R — CO — R'	Cetonas	-ona	oxo-
R — C ≡ N	Nitrilos	-nitrilo	ciano-*
R — OH	Alcoholes	-ol	hidroxi-
$R — NH_2$	Aminas	-amina	amino aza-
R — O — R'	Ésteres	-oxi	oxa-
R = R' (R = R' —) R ≡ R' (R ≡ R' —)	Hidrocarburos no saturados	-eno (-enilo) -ino (-inilo)	—
R — X	Derivados halogenados	—	fluoro- cloro- bromo- yodo-
$R — NO_2$	Derivados nitrogenados	—	nitro-
R — R' (R —)	Hidrocarburos saturados	-ano (-ilo)	—

* Incluye el carbono del grupo funcional.

** Incluye los carbonos del grupo funcional y del radical.

45 Nombra los siguientes compuestos:

a) 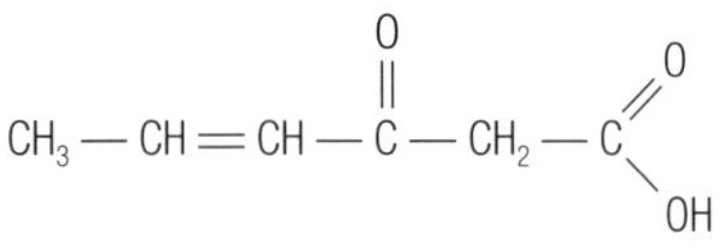

j) 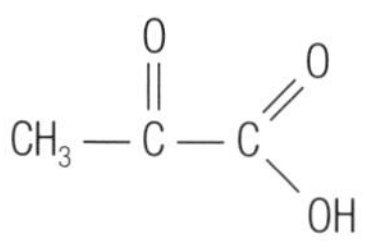

b) 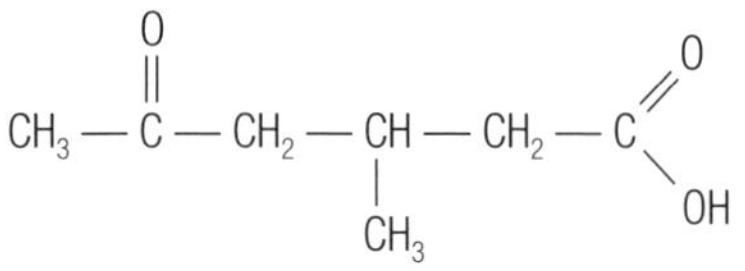

k) 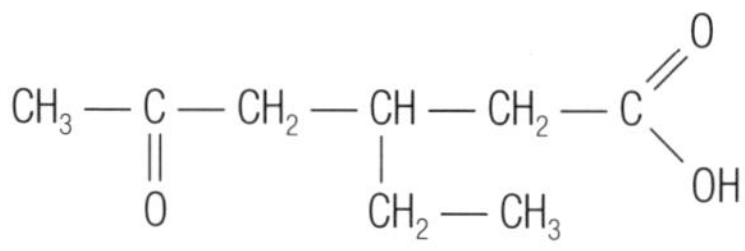

c) 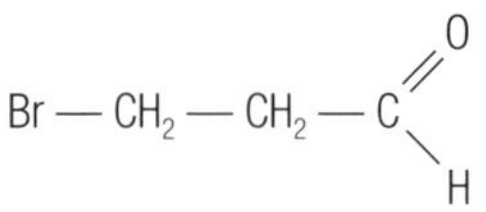

l) 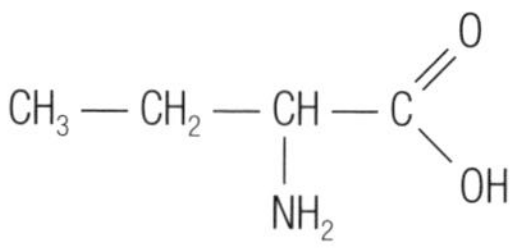

d) 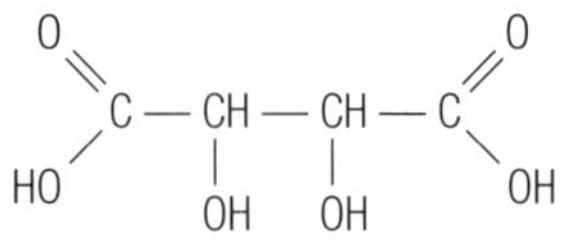

m) 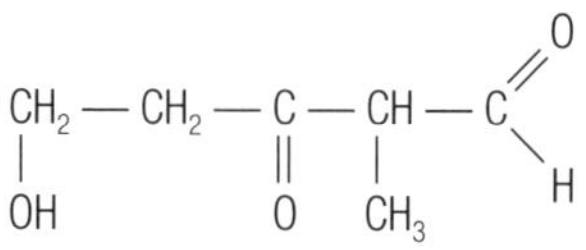

e) 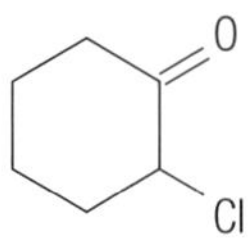

n) 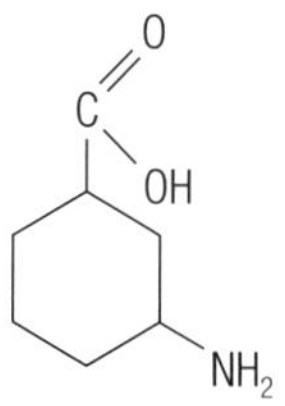

f) 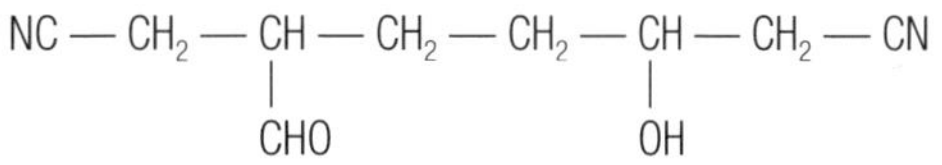

ñ) 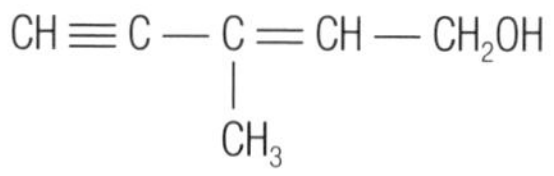

g) 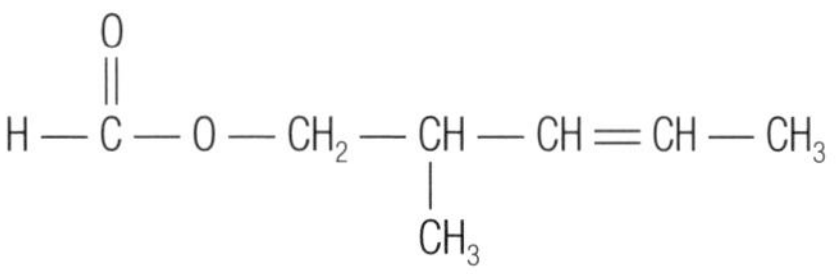

o) 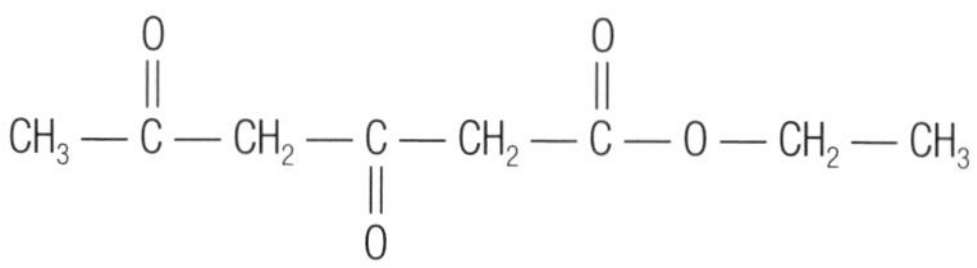

h) 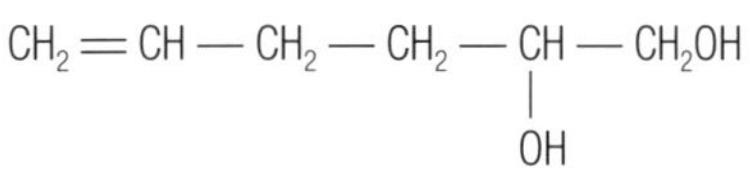

p) 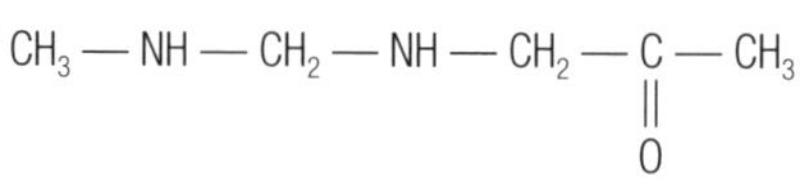

i) 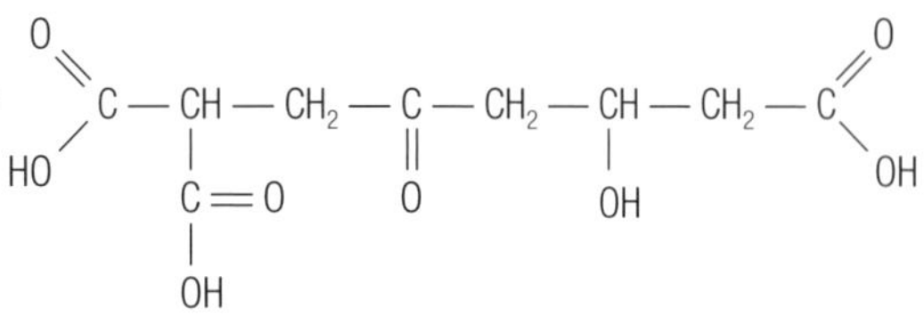

q) 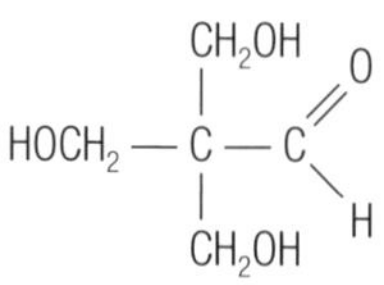

Evaluación

1 Escribe el nombre de los compuestos siguientes:

a) 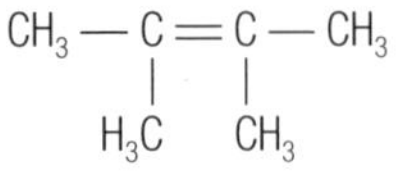

b) $CH_3 — CHOH — CH_3$

c) $CHO — CH_2 — CHO$

d) 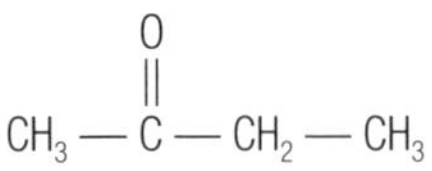

e) 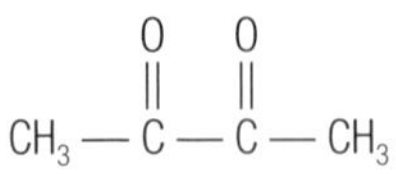

f) 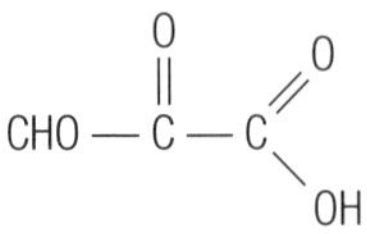

g) 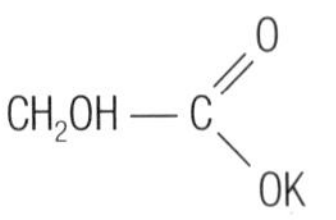

h) 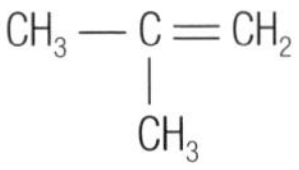

i) $NC — CN$

j) 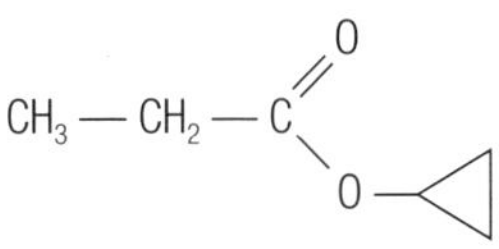

k) $(CH_3)_3N$

l) 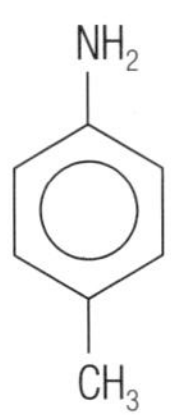

m) 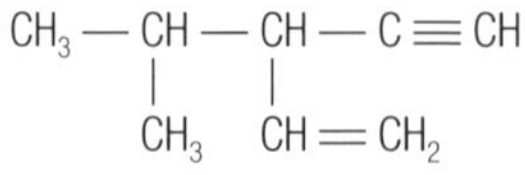

n) $CH_2OH — CHOH — CHOH — CH_3$

ñ) $CHCl = C = CHCl$

o) $CH_3 — CH_2 — C \equiv N$

p) 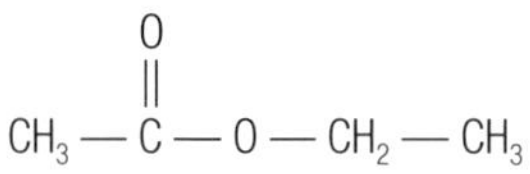

q) 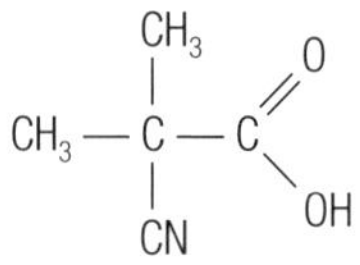

r) 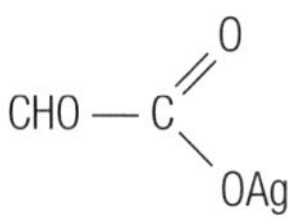

s) 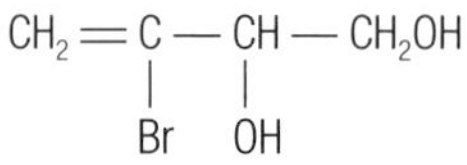

t) KCN

u) 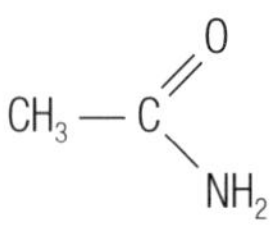

v) $(CH_3)_2NH$

w) 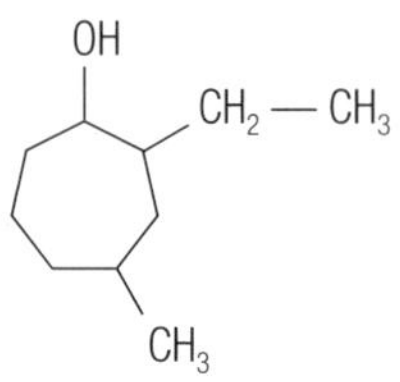

2 Nombra los compuestos siguientes:

a) 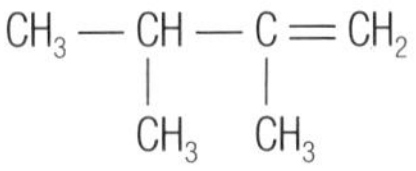

b) 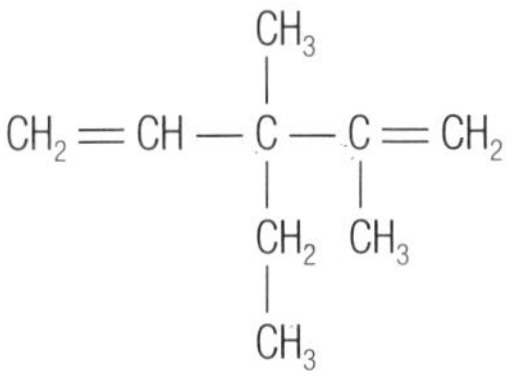

c) 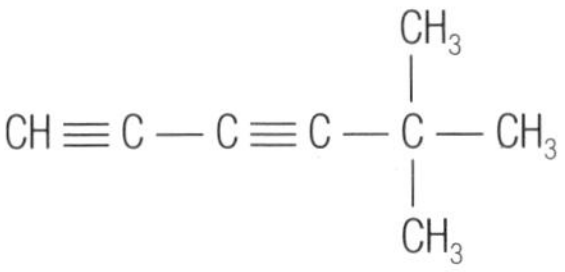

d) 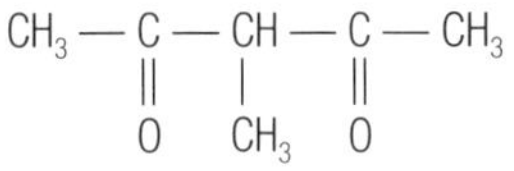

e) $CH_3-NH-CH_2-CH_3$

f) $COOH-CH_2-CH_2-COOH$

g) 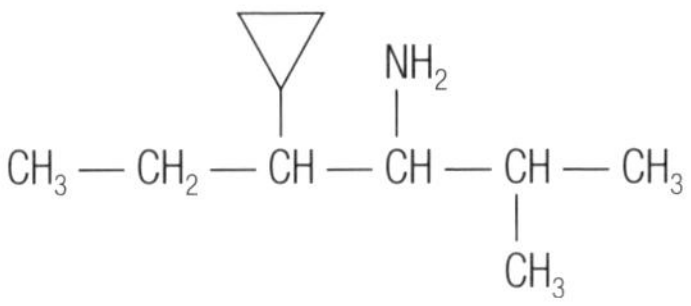

h) 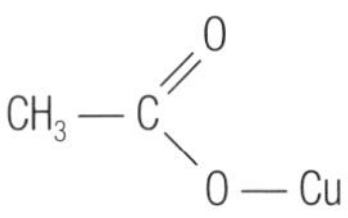

i) 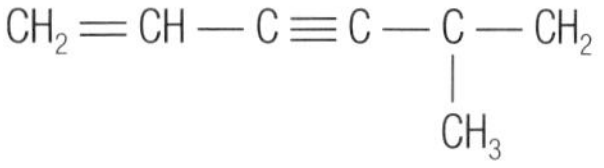

j) 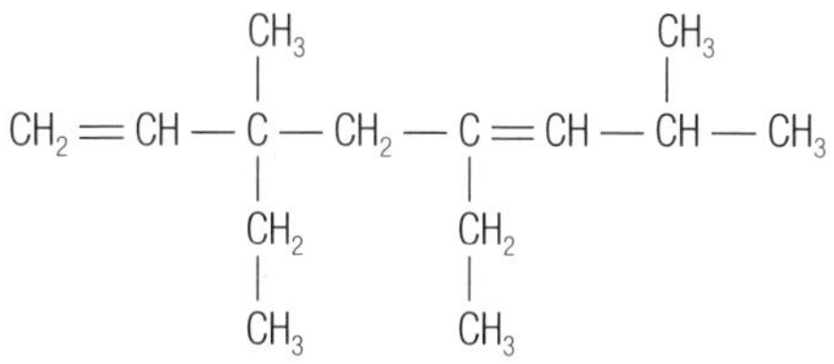

k) 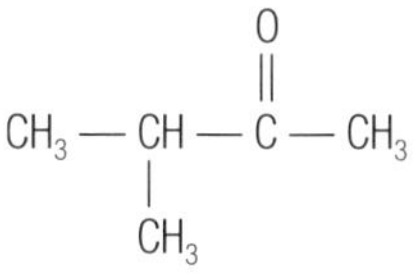

l) 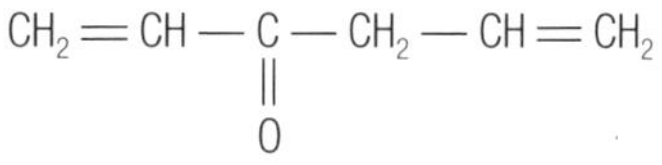

m) 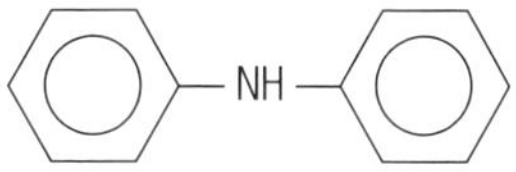

n) $CH_3-CH_2-CH_2-C\equiv N$

ñ) 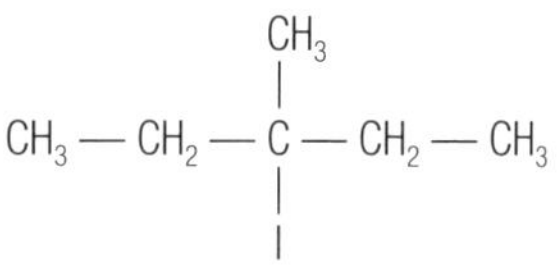

o) 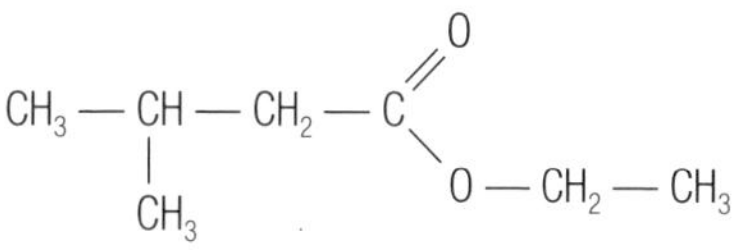

3 Formula los compuestos siguientes:

a) 3,5,5-trimetil-3-(1-metilpropil)-1-hexeno

b) 1,3,3-trimetilciclopenteno

c) etil-1-butanol

d) 3-metil-4,4-dibromociclohexanol

e) 4-etil-3-heptenodial

f) 4-hidroxi-5-hidroximetil-5-metil-2,6-octadiona

g) Ácido 2-etil-2,4-dimetilpentanoico

h) Ácido 2-metil-3-(1-metiletil)-butanoico.
Una vez formulado el compuesto analiza si está bien enunciado, si encuentras un error y escribe su nombre correcto.

i) Ácido 3-carboximetil-2-metil-pentenodioico

j) 4-amino-2-hidroxi-5-metilheptano

k) 2,3-dimetil-1-butino

l) 3-etil-2,3-dimetilpentenino

m) 5,5-dimetil-1,2-hexadieno

n) 5-metil-1,2,5-hexatrieno

ñ) etilbutenona

o) 4-metilpentanodiona

4 Formula los siguientes compuestos:

a) 3-etil-3,6,6-trimetil-2,4-heptanodiol

b) 3,3-dietil-1,4-hexadieno

c) 2-etil-5-metil-4-hexenal

d) 1,5-hexadienona

e) 3,6-dioxoheptanal

f) 2-(2-metilpropil)-3-oxobutanal

g) Ácido 2-hidroxipropanoico

h) Ácido 3-oxopentanoico

i) Ácido 3-carboxihexanodioico

j) Radical 2,5-ciclohexadiinilo

k) Metanoato de litio

l) Etilpropilamina

m) Difenilmetilamina

n) Ácido butinodioico

ñ) Propanodinitrilo

o) 3-etil-1, 4-hexanodiino

5 Formula los siguientes compuestos:

a) 1,3,5-trimetilbenceno

b) Dietiléter

c) Etilpropiléter

d) 2-metil-1-butanol

e) 2-butenol

f) 2-etil-2-butenol

g) 1,3-pentadieno

h) 2,5-heptadiino

Solucionario de los ejercicios de aplicación

1

a) Butano
b) Etano
c) Heptano
d) Nonano
e) Decano
f) Propano
g) Undecano
h) Dodecano
i) Hexano
j) Pentadecano
k) Hexadecano
l) Docosano

2

a) $CH_3 — CH_3$
b) $CH_3 — (CH_2)_8 — CH_3$
c) $CH_3 — (CH_2)_3 — CH_3$
d) $CH_3 — (CH_2)_9 — CH_3$
e) CH_4
f) $CH_3 — (CH_2)_2 — CH_3$
g) $CH_3 — (CH_2)_{11} — CH_3$
h) $CH_3 — (CH_2)_{10} — CH_3$
i) $CH_3 — (CH_2)_4 — CH_3$
j) $CH_3 — CH_2 — CH_3$
k) $CH_3 — (CH_2)_7 — CH_3$
l) $CH_3 — (CH_2)_{16} — CH_3$
m) $CH_3 — (CH_2)_{17} — CH_3$
n) $CH_3 — (CH_2)_5 — CH_3$

3

a) Metiletilo, o isopropilo
b) Etilo
c) Dimetiletilo, o *terc*-butilo, o neobutilo
d) 2,2-dimetilpropilo, o neopentilo
e) 3-metilbutilo, o isopentilo
f) 1-metilbutilo, *o sec*-pentilo
g) Metilo
h) 2,2-dimetilbutilo
i) 2-metilbutilo
j) Propilo

4

a) 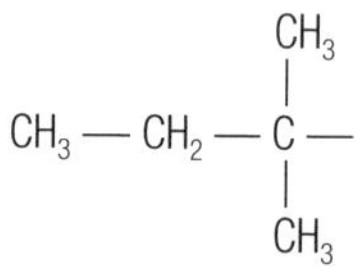

b) 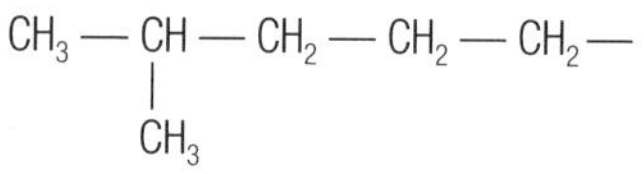

c) 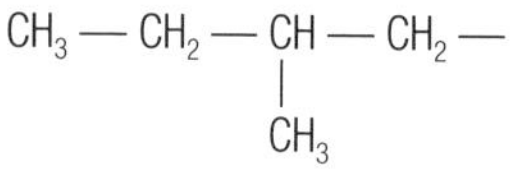

d) 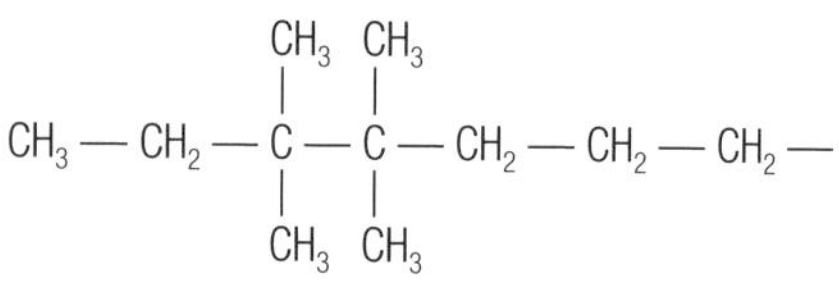

e) 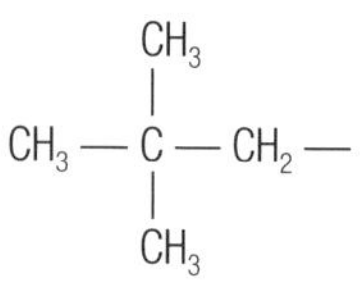

f) 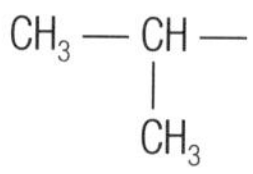

g) 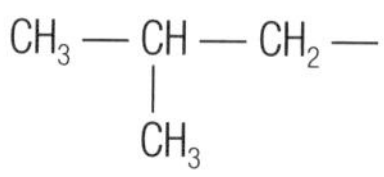

h) 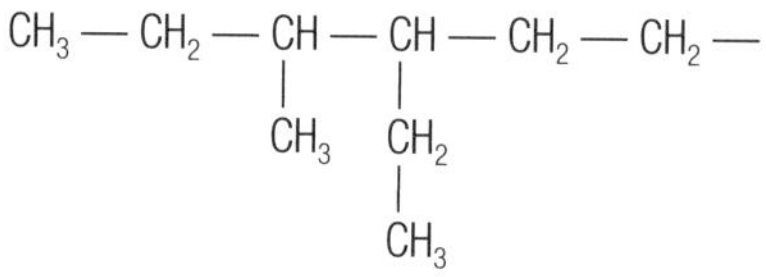

i) 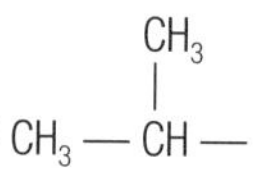

j) 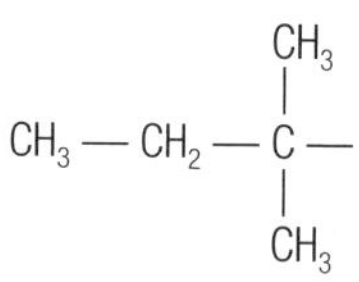

5

a) 3-etil-2-metilhexano
b) 2,2-dimetilbutano
c) 4-etil-3,3-dimetilheptano
d) 4-(1,2-dimetilpropil)-2,3-dimetiloctano
e) 3,7-dietil-2,5,5-trimetilnonano
f) 4-etil-2,3,5-trimetilheptano
g) 2,2,5,5-tetrametilheptano
h) 2,3-dimetilpentano
i) 4-etil-3,3,4-trimetilheptano
j) 4-(1,1-dimetiletil)-2-metiloctano, o 4-*terc*-butil-2-metiloctano
k) 4-etil-2,2,5-trimetilhexano
l) 4-etil-2,6,6-trimetilnonano
m) Tetrametilbutano
n) 3-etil-2-metilhexano

6

a) 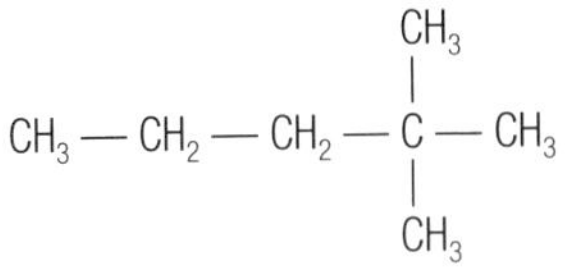

b) 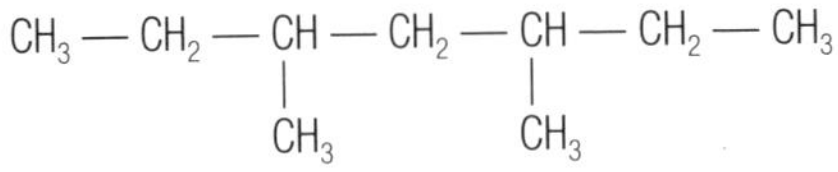

c) 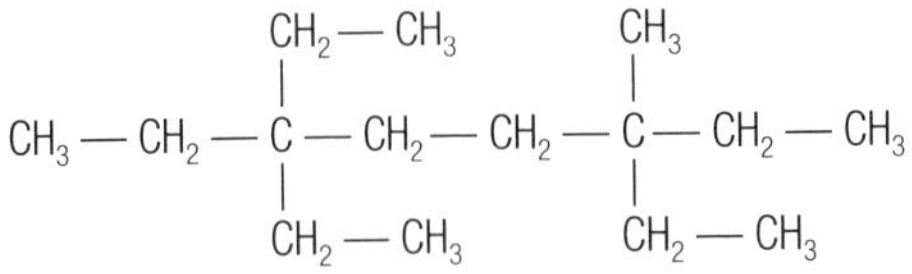

d) 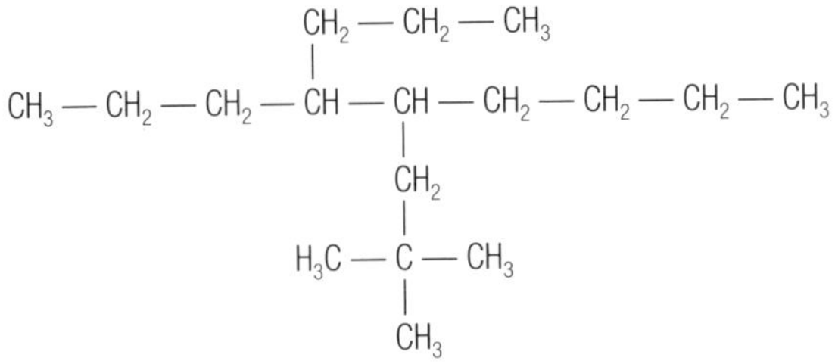

e) 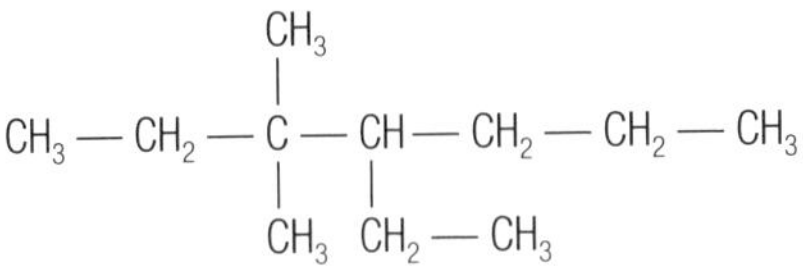

f) 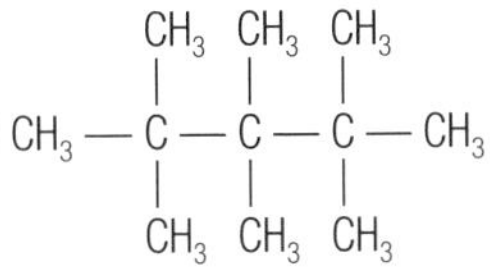

g) 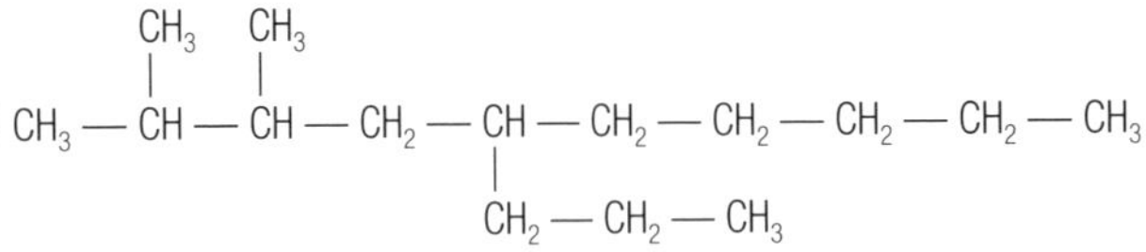

h) 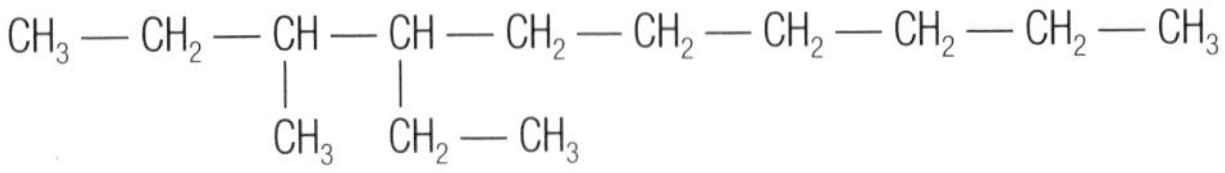

i) 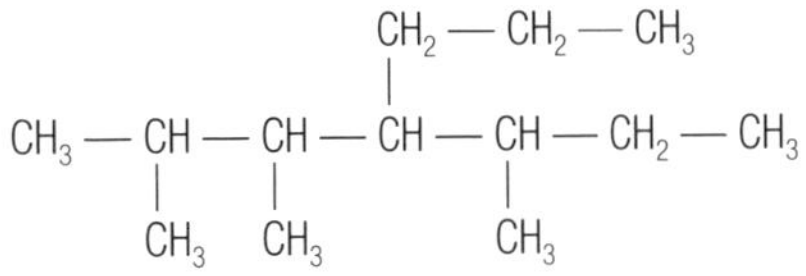

j) 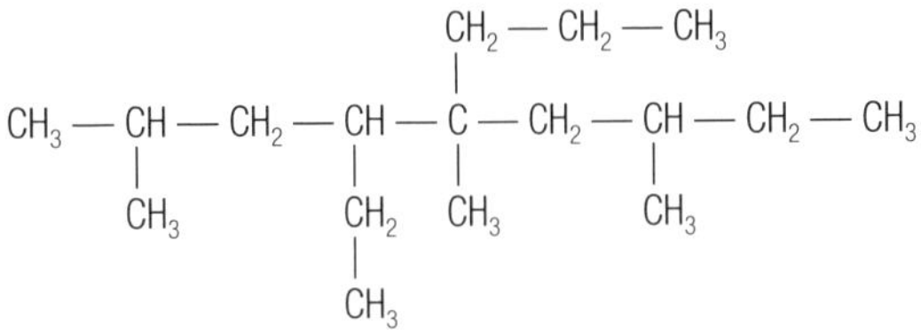

7

a) Propeno
b) 4-metil-1-penteno
c) 3-etil-4-metil-1-penteno
d) 3,4,4-trimetil-1-penteno
e) 4-etil-5-metil-2-hexeno
f) 2-buteno
g) 5,6-dimetil-3-hepteno
h) 4-etil-3,6-dimetil-1-hepteno
i) 4-metil-3-propil-1-hexeno
j) 2,7-dimetil-4-metiletil-3-octeno

8

a) $CH_3-CH=CH-CH_2-CH_3$
b) $CH_2=CH-CH_2-CH_3$
c) $CH_2=CH_2$
d) 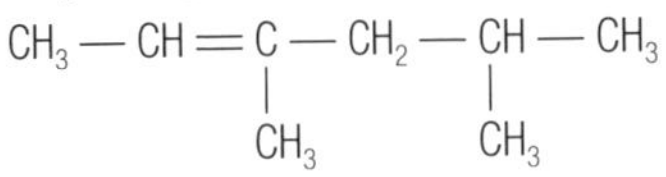

e) 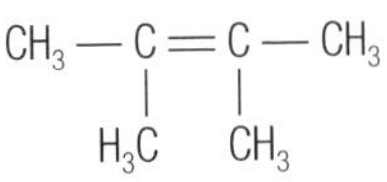

f) $CH_3-CH_2-CH=CH-CH_2-CH_2-CH_3$
g) $CH_3-CH=CH-CH_2-CH_2-CH_3$
h) $CH_3-CH_2-CH=CH-CH_2-(CH_2)_4-CH_3$
i) 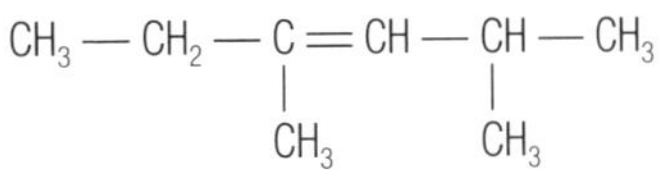

j) 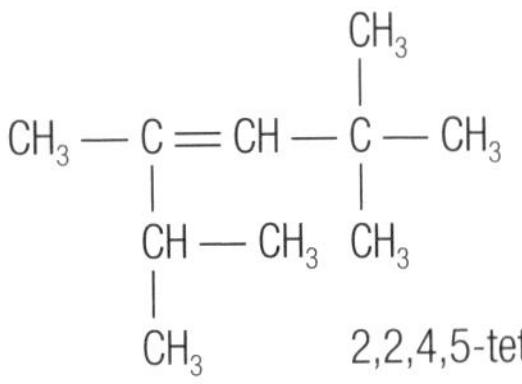

2,2,4,5-tetrametil-3-hexeno

9

a) 4-etil-3,6-dimetil-2,4-heptadieno
b) 6-etil-2-metil-1,3,6-heptatrieno
c) 4-etil-2-metil-3-(1-metilpropil)-1,3,5-hexatrieno
d) 5-etil-3,3,6-trimetil-1,4,6-octatrieno
e) 3-metil-1,4-pentadieno
f) 2-etil-3-propil-1,3-butadieno
g) 3-dimetiletil-1,4-pentadieno
h) 4-etil-5-metil-1,2-hexadieno

10

a) $CH_2=CH-CH=CH-CH_3$

b) $CH_2=CH-CH=CH-CH=CH-CH_3$

c) 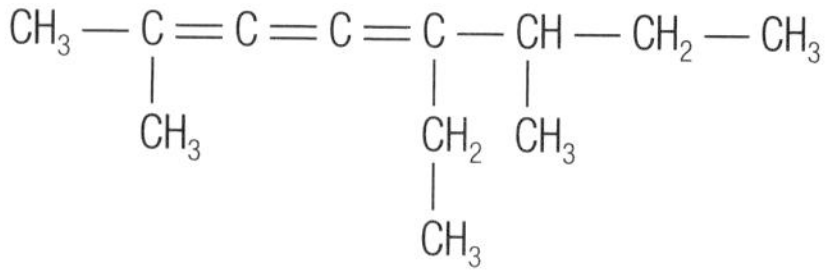

d) 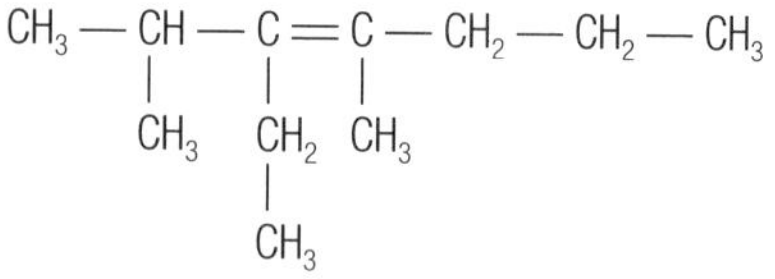

e) $CH_3-CH=CH-CH_2-CH_2-CH_3$

f) 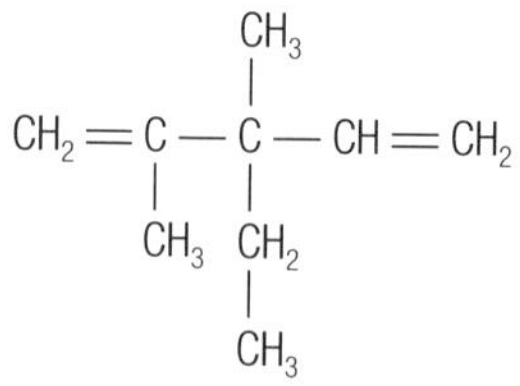

g) 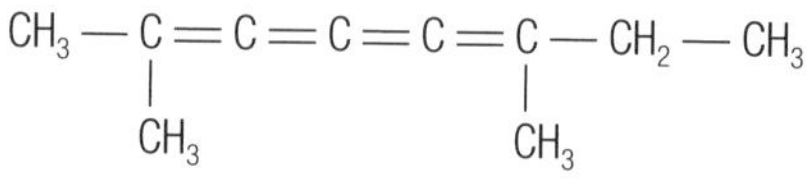

h) 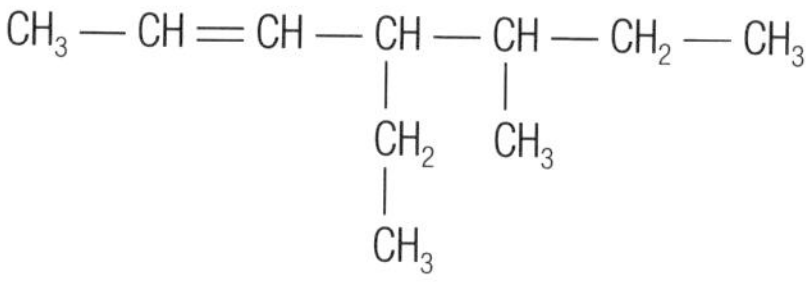

11

a) Etenilo, o vinilo
b) 2-propenilo
c) 1-metiletenilo, o metiletenilo
d) 1,3-butadienilo
e) 1,2,3-butatrienilo
f) 1-etil-etenilo, o etil-etenilo

12

a) 3-etenil-6-metil-1,4-heptadieno, o 6-metil-3-vinil-1,4-heptadieno
b) 2-metil-3-vinil-1,4-heptadieno, o 3-etenil-2-metil-1,4-heptadieno
c) 4-(3-butenil)-1,2,7-octatrieno
d) 3,3-dimetil-1,4,5-heptatrieno
e) 5-metil-5-vinil-1,3,7-octatrieno, o 5-etenil-5-metil-1,3,7-octatrieno
f) 4-etenil-4-metil-1,2,5-heptatrieno

13

a) 3-metil-1-pentino
b) 5,5-dimetil-3-heptino
c) 3-etil-1-pentino
d) 4-metil-2-hexino
e) 4,5,6,6-tetrametil-2-octino
f) 4,5-dimetil-2-hexino

14

a) $CH\equiv C-CH_3$

b) $CH_3-CH_2-C\equiv C-CH_2-CH_3$

c) 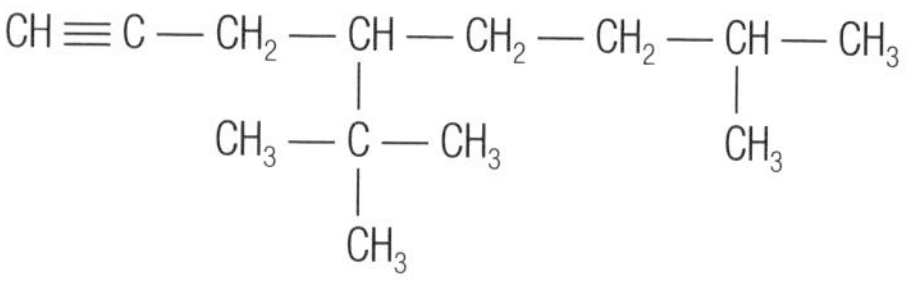

d) $CH_3-C\equiv C-CH_2-CH_2-CH_2-CH_3$

e) 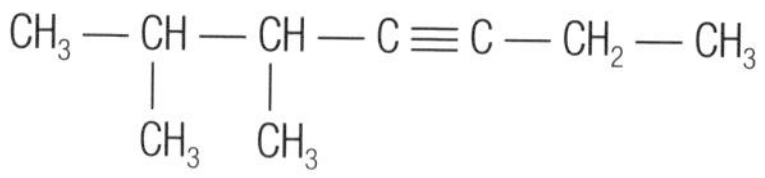

f) 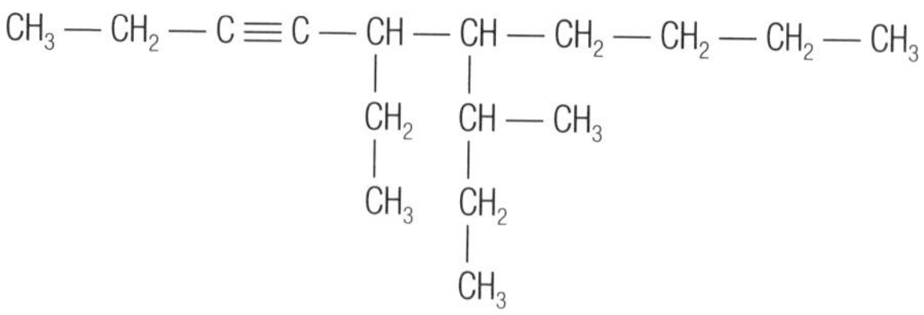

15

a) Butadiino
b) 3-metil-1,4-hexadiino
c) 9,9-dimetil-10-metiletil-1,4,7,11-dodecatetraino
d) 1,3,5-hexatriino
e) 3-etil-1,4-hexadiino
f) 3-propil-1,4-hexadiino

16

a) $CH_3-C\equiv C-CH_2-C\equiv C-CH_3$

b) 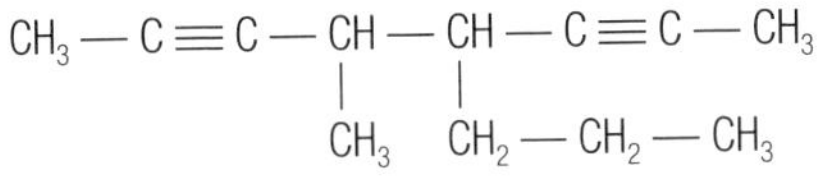

c) 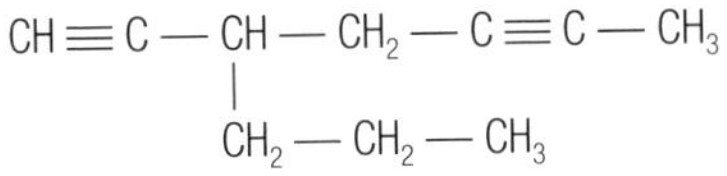

d) 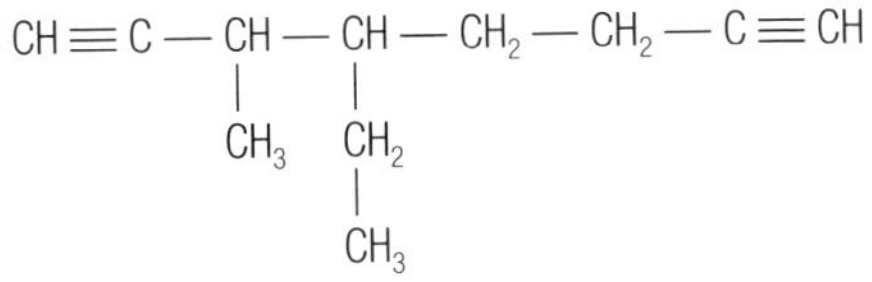

e) 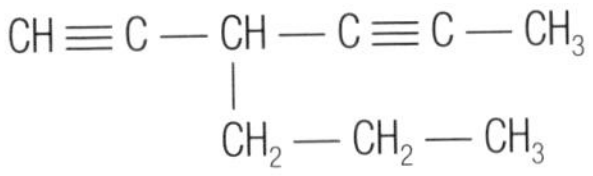

f) 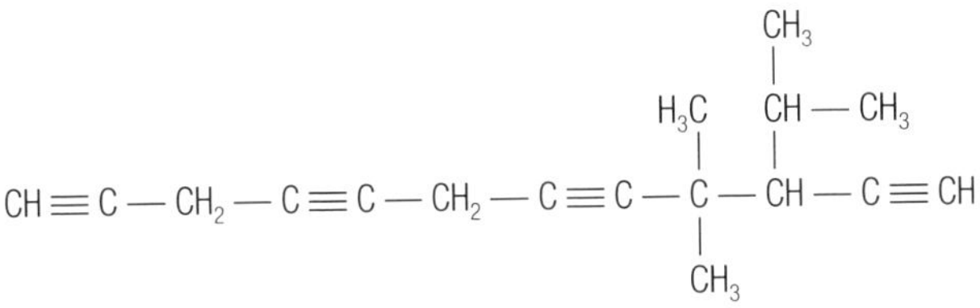

17

a) 1,3-butadiinilo, o butadiinilo

b) etinilo

c) 1,3-pentadiinilo

d) 3-buten-1-inilo

e) 2-penten-4-inilo

f) 4-metil-3-penten-1-inilo

18

a) $CH\equiv C-CH_2-$

b) $CH_2=CH-C\equiv C-CH_2-$

c) $CH_3-C\equiv C-CH_2-CH_2-$

d) $CH_3-C\equiv C-CH_2-C\equiv C-$

e) $CH\equiv C-CH=CH-$

f) 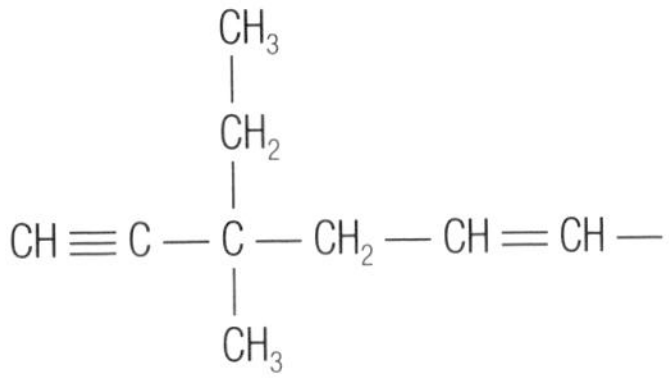

19

a) 4-etil-1,4-hexadieno

b) 5-metil-3-propil-1,4,6-octatrieno

c) 4-etinil-3-(1-metilpropil)-1,3,6-heptatrieno

d) 4-(1-propinil)-2-hepten-5-ino

e) 2-etil-1,5-octadien-3-ino

f) 3-metil-5-(3-metil-1-butenil)-1,3,8-nonatrien-6-ino

20

a) 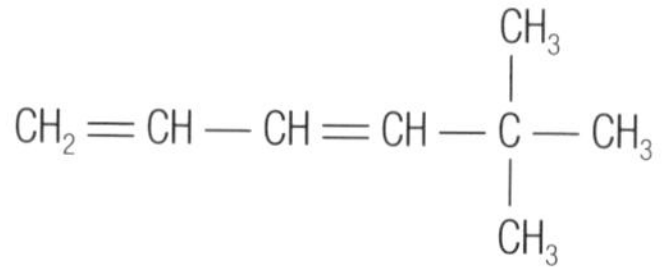

b) 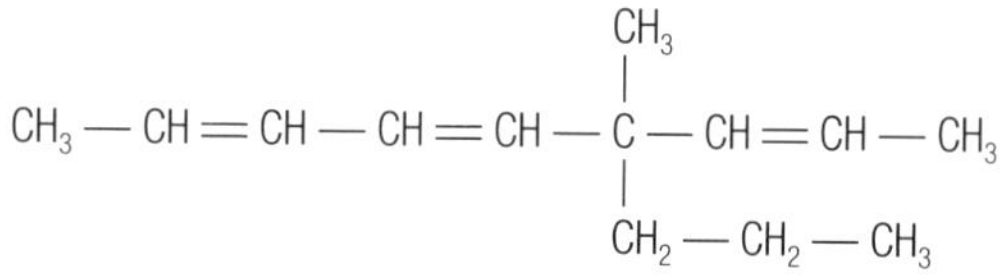

c) $CH_2{=}CH-C{\equiv}CH$

d) 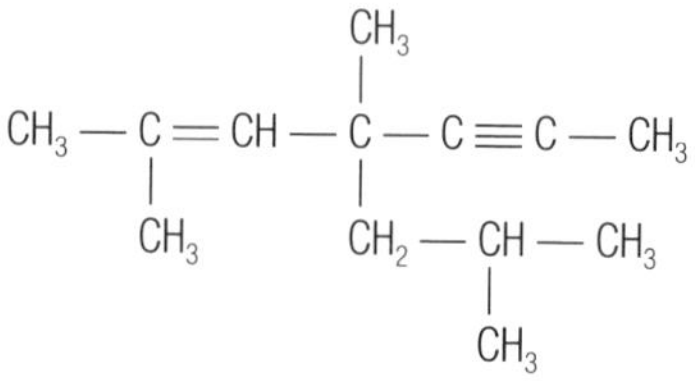

e) 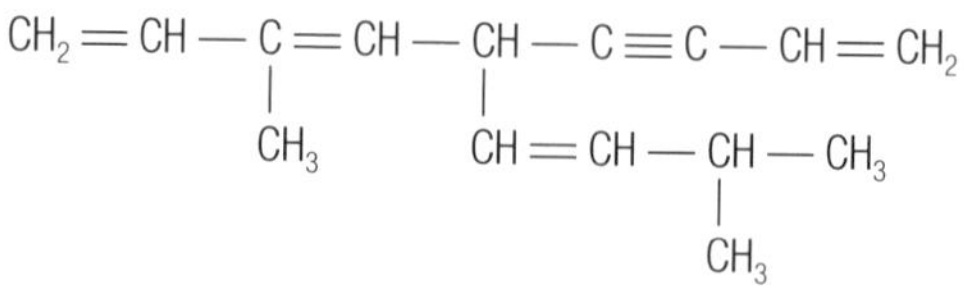

f) 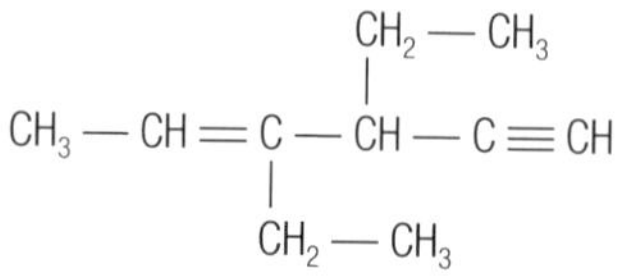

g) 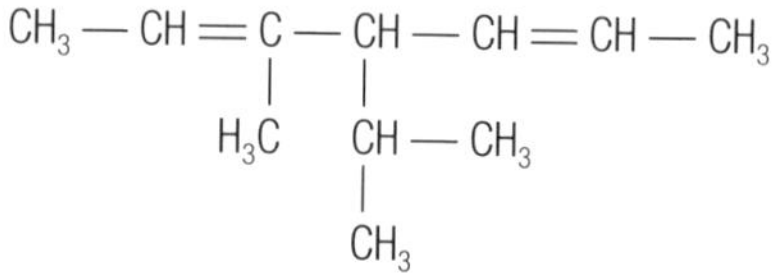

h) 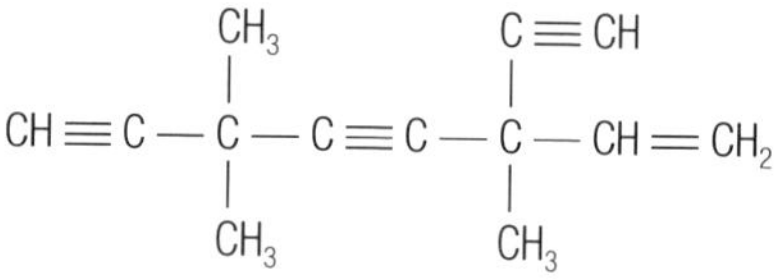

21

a) Ciclohexano
b) Ciclobutano
c) 1,3,5-trimetilciclohexano
d) Ciclooctano
e) Ciclopentano
f) 1,3-dimetilciclobutano

22

a) 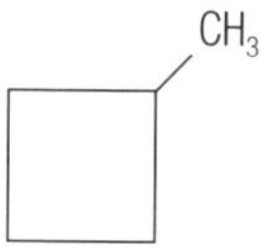

b) 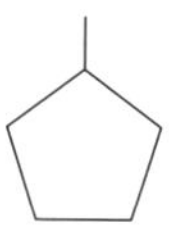

c) 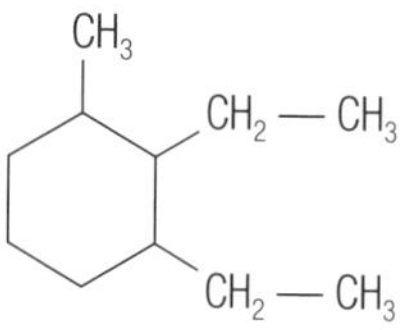

d) 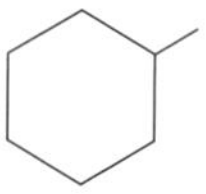

e) 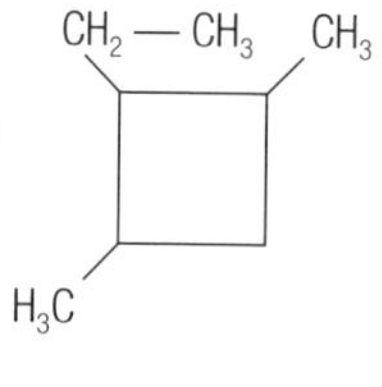

f) 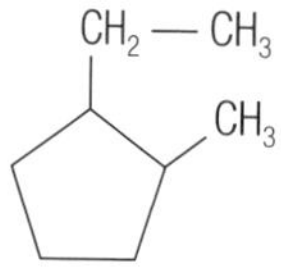

g) 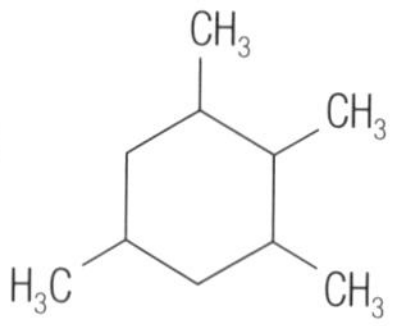

h) 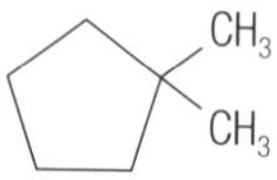

23

a) 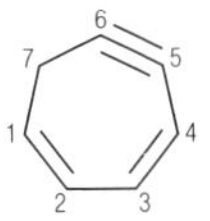

b) 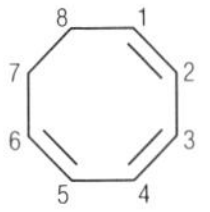

c) 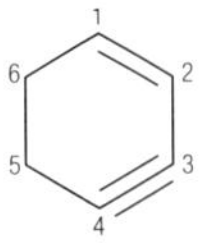

d) 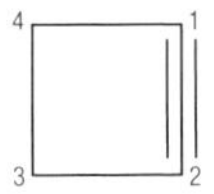

e) 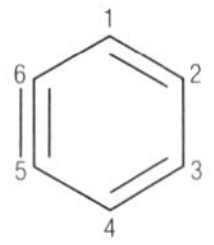

f) 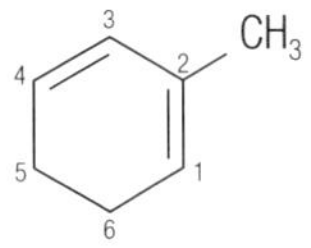

24

a) Ciclopropeno

b) 1-etil-1,3-ciclohexadien-5-ino

c) 1-metil-1,3-ciclopentadieno

d) 1-metil-1,2-ciclobutadieno

e) 1-(2-metilpropil)-1-ciclohexen-3,5-diino

f) 1-etil-1-ciclobuten-3-ino

25

a) 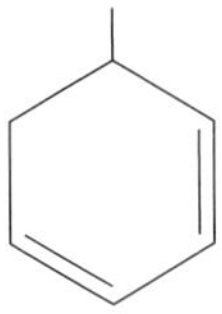

b) 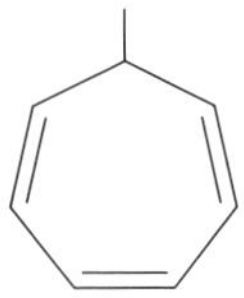

c) 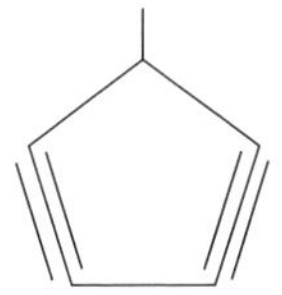

d) 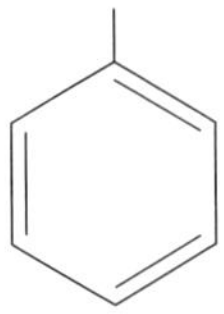

e) 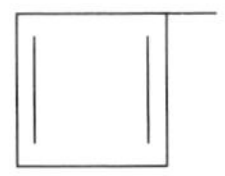

f) 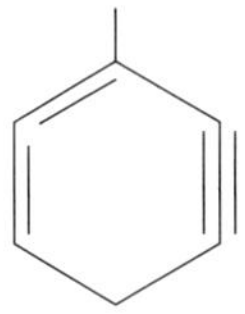

26

a) 1,2-dimetilbenceno

b) 1,3-dimetilbenceno

c) 1,3,5-trimetilbenceno

d) 1-metil-2-metiletilbenceno

e) 1-etenil-3-metilbenceno, o m-metilvinilbenceno

f) 1-etenil-4-etilbenceno, o p-etilvinilbenceno

g) 1-etil-3-metilbenceno, o m-etilmetilbenceno, o m-etiltolueno

h) 1-metil-2,3-dipropilbenceno, o 2,3-dipropiltolueno

27

a) 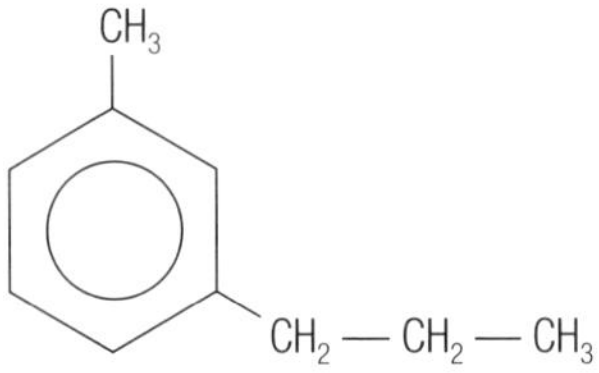

b) 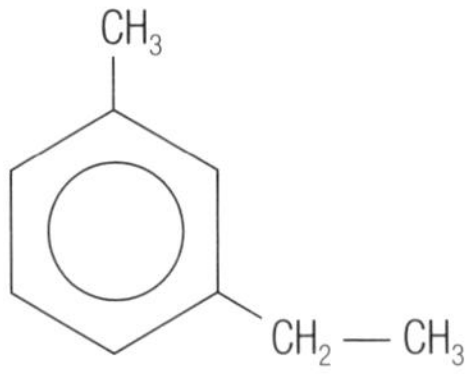

c) 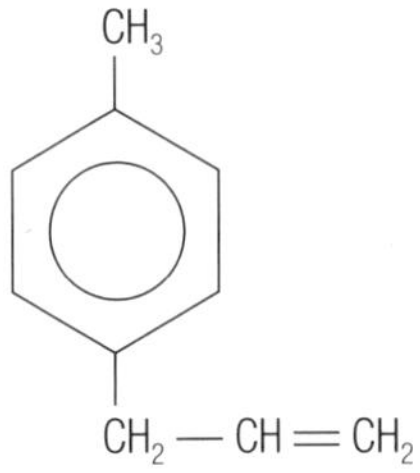

d) 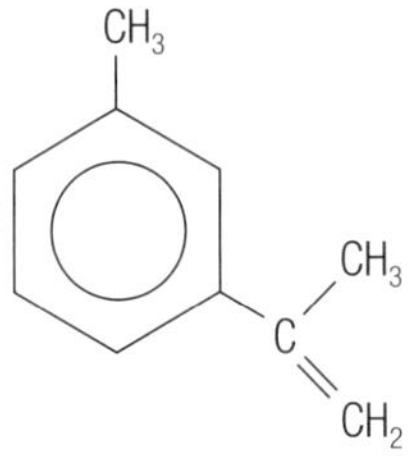

e) 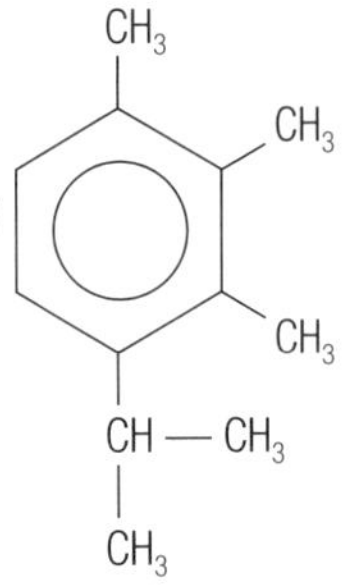

f) 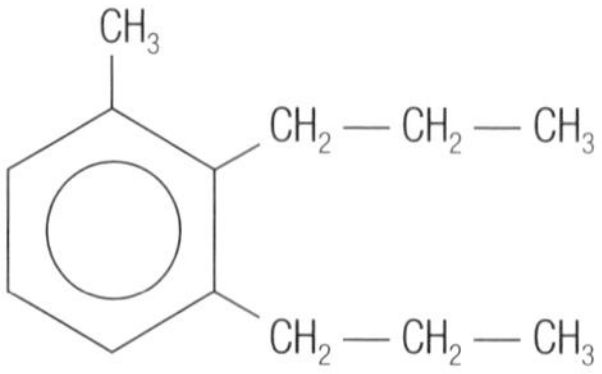

g) 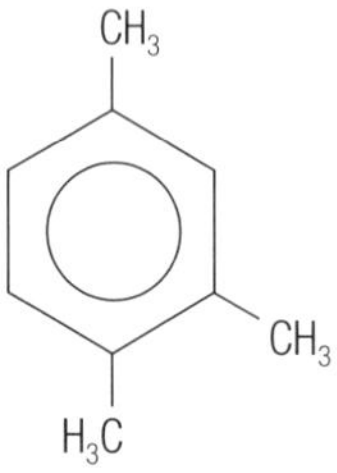

h) 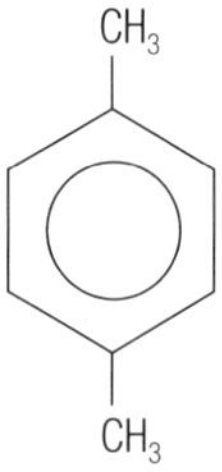

i) 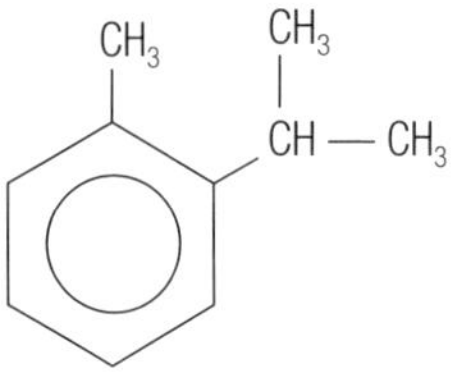

j) 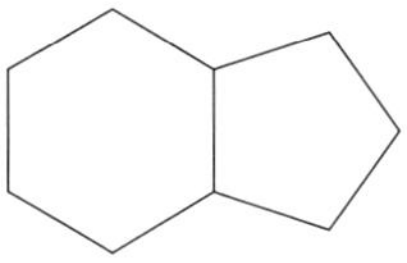

28

a) 3-cloropropeno

b) Tribromometano

c) 1,3-dibromobenceno, o m-dibromurobenceno

d) 1,1-dibromo-2-buteno

e) 1-cloro-2-metilbutano

f) 4-cloro-2-penteno

g) 1,2-diclorobenceno

h) 1-cloro-1,2-propadieno, o cloropropadieno

29

a) Etanol

b) 2-metil-1,4-pentanodiol

c) 1,2,3-propanotriol (glicerina o glicerol), o propanotriol

d) 4,4-dimetil-1-pentanol

e) 2-propenol, o propenol

f) 3-buten-1,2-diol, o buten-1,2-diol

g) 4-hexen-2-ol

h) 2-etil-2-butenol

30

a) 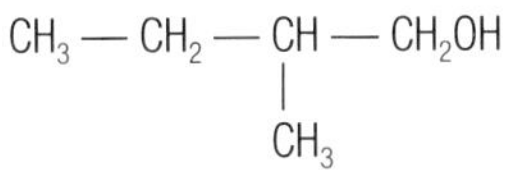

b) 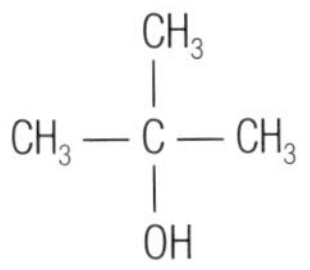

c) 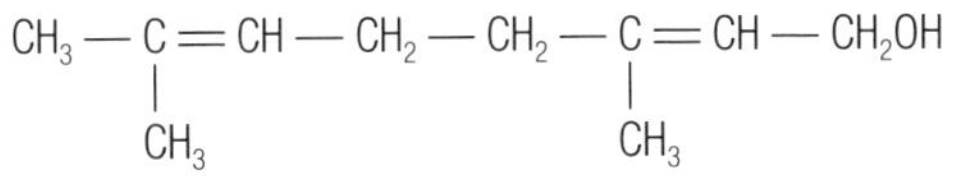

d) $CH \equiv C - CH_2OH$

e) 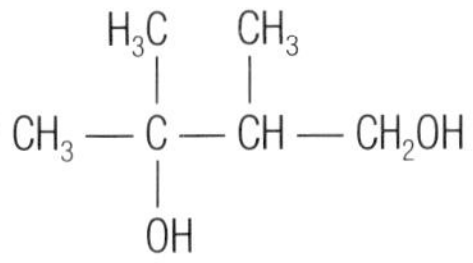

f) $CH_3 - CH = CH - CH_2OH$

g) $CH_2OH - CH = CH - CH_2OH$

h) 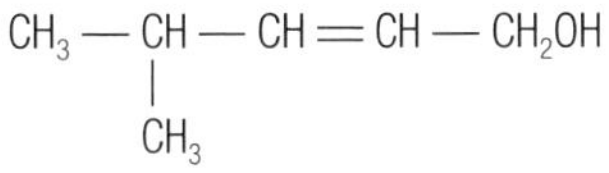

i) $CH_2 = CH - C \equiv C - CH_2OH$

j) $CH_2 = CH - CHOH - CH_2OH$

31

a) Etoxipropano, o etilpropiléter
b) Metoximetiletano, o isopropilmetiléter
c) 2-metoxi-4-oxa-1-hexanol
d) Etoxibenceno, o etilfeniléter
e) Metoxieteno, o etenilmetiléter
f) Etoxiciclobutano, o ciclobutiletiléter

32

a) Etanal
b) Butanal
c) 3-hidroxibutanal
d) Hidroxibutanodial
e) 2-etil-5-metil-4-hexenal
f) 4-hexen-2-inal, o 4-hexeninal
g) 3-oxa-hexanodial
h) 3-metil-3-pentenal
i) 4-metil-4-penten-2-inal, o 4-metil-4-penteninal
j) Dimetilpropanodial

33

a) 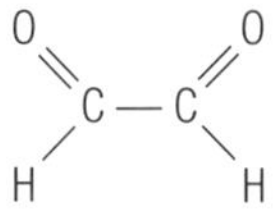

b) 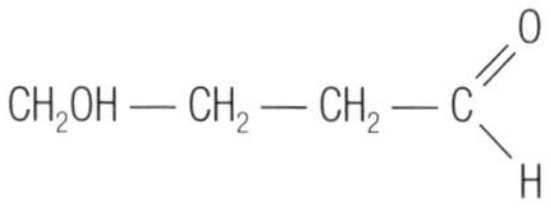

c) CHO — CHOH — CHO

d) 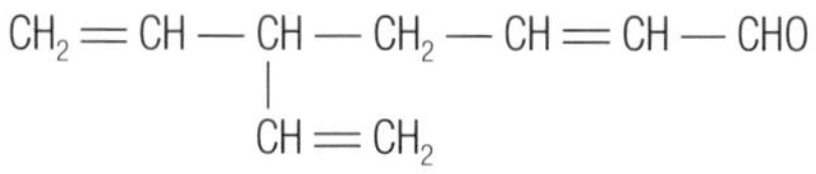

e) 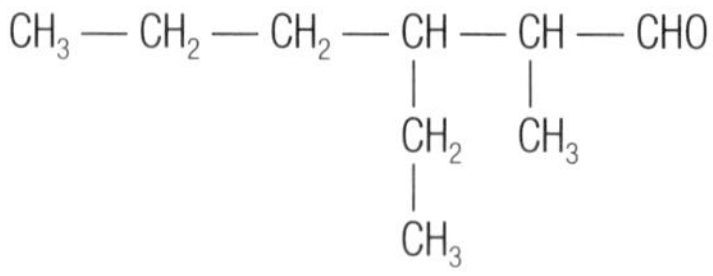

f) 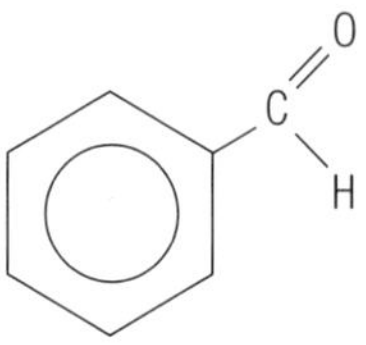

g) $CH_2 = CH — CHO$

h) 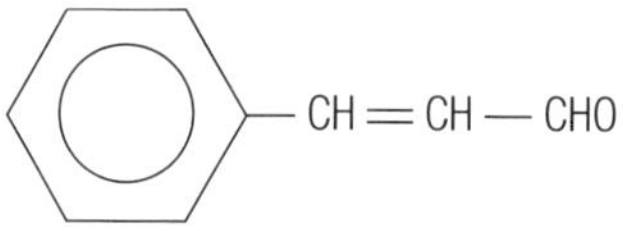

i) CHO — C ≡ C — CHO

j) 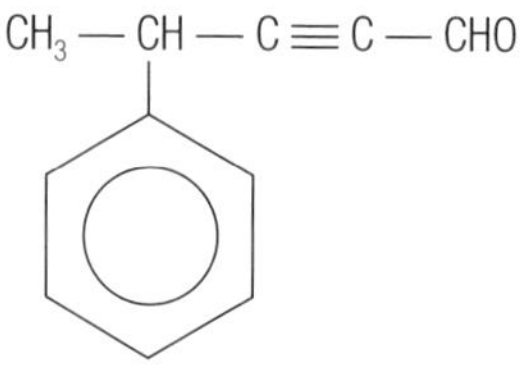

k) 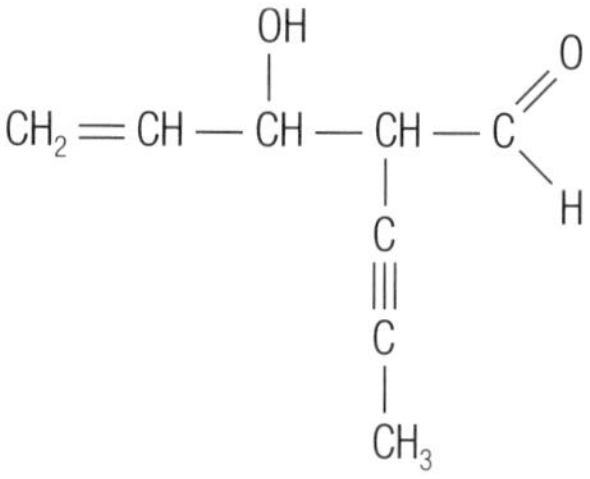

l) CHO — CH = CH — CH = CH — CHO

34

a) Butanona

b) Propanona (acetona)

c) Metilbutanona

d) 4-metilpentanona

e) 1,5-hexadienona

f) 4-fenilbutanona

g) 3-pentenona

h) 3-oxobutanal

i) 3,4-dihidroxibutanona

j) 5-metil-5-hexen-2,3-diona

k) 6-hidroxi-3-oxo-4,7-octadienal

l) oxa-butanona

35

a) 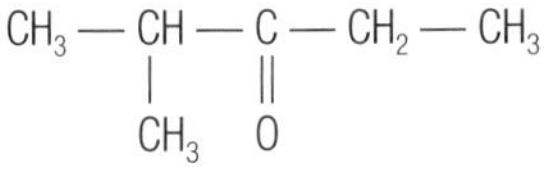

b) 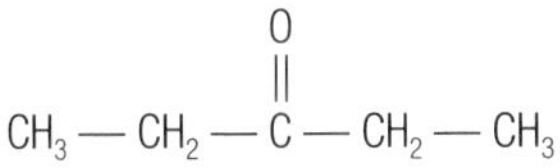

c) 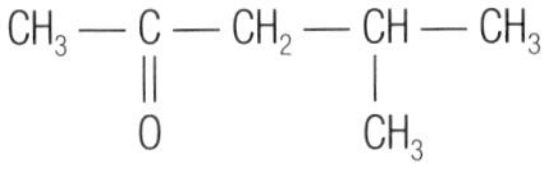

d) 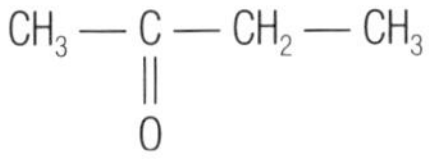

e) 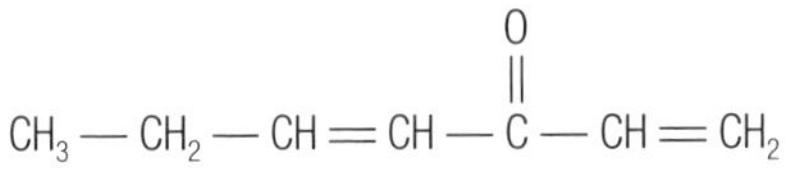

f) 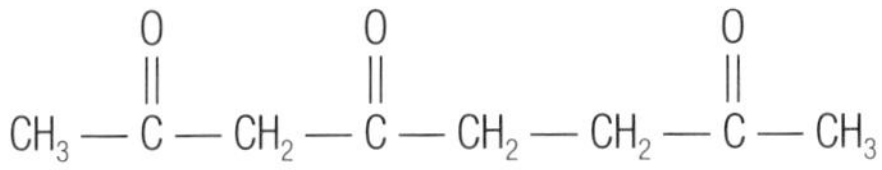

g) 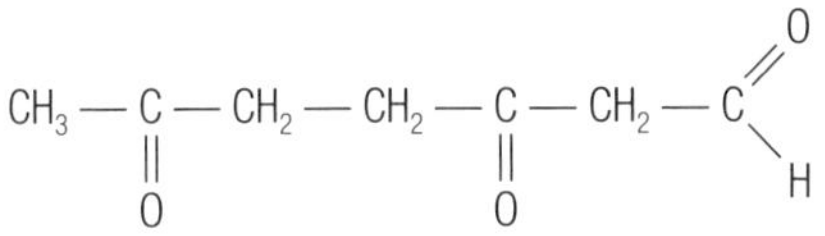

h) 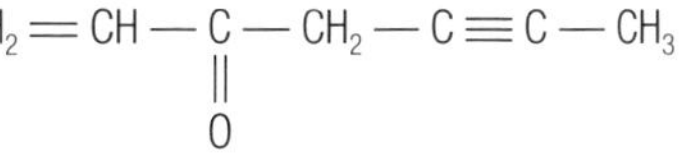

i) 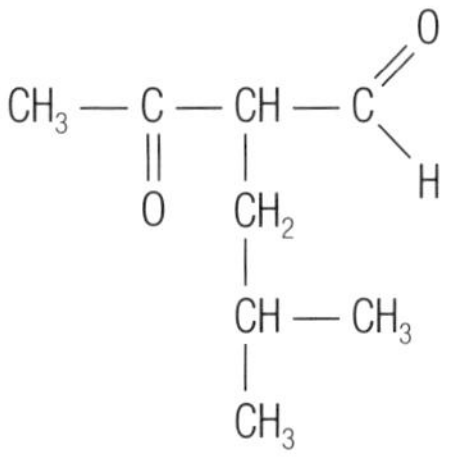

j) 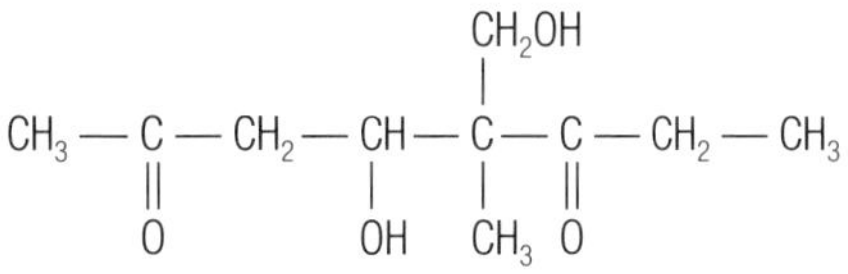

k) 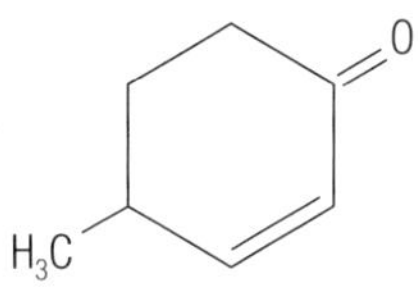

l) 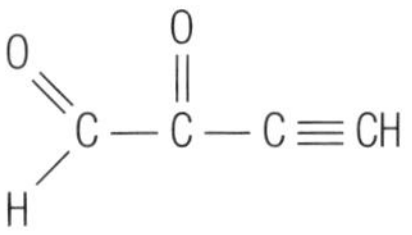

36

a) Ácido etanoico (ácido acético)

b) Ácido metilpropanoico

c) Ácido etanodioico

d) Ácido 3-oxohexanodioico

e) Ácido 3-metilbutanoico

f) Ácido 3-hidroxi-2-metil-4-oxohexanodioico

g) Ácido 2,3-dimetilbutanodioico

h) Ácido pentanoico

i) Ácido 2-hidroxipropanoico

j) Ácido dioxobutanodioico

k) Ácido butenodioico

l) Ácido 2,3-dihidroxibutanodioico, o ácido dihidroxibutanodioico

m) Ácido 2-hidroxi-3-etilbutanodioico

n) Ácido 2-etil-5-metilhexanodioico

37

a) $CH_3 — COOH$

b) $HOOC — CH_2 — CH_2 — COOH$

c) 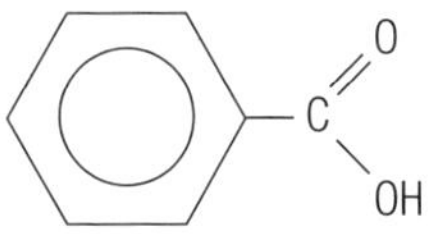

d) 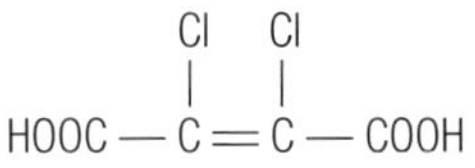

e) 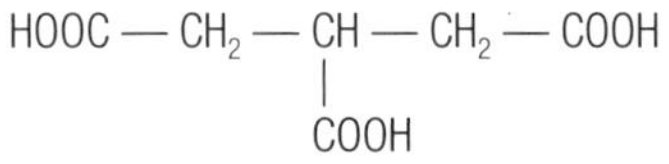

f) $HOOC — C \equiv C — COOH$

g) $HOOC — CH = CH — CH_2 — CH = CH — CH_2 — COOH$

h) 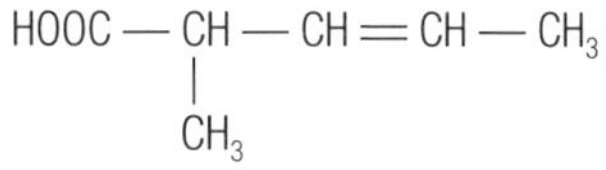

i) 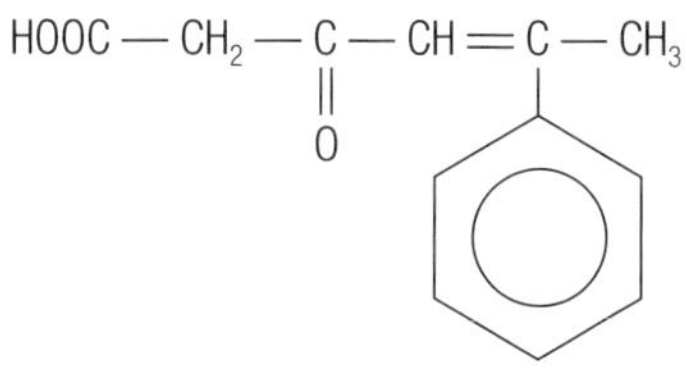

j) 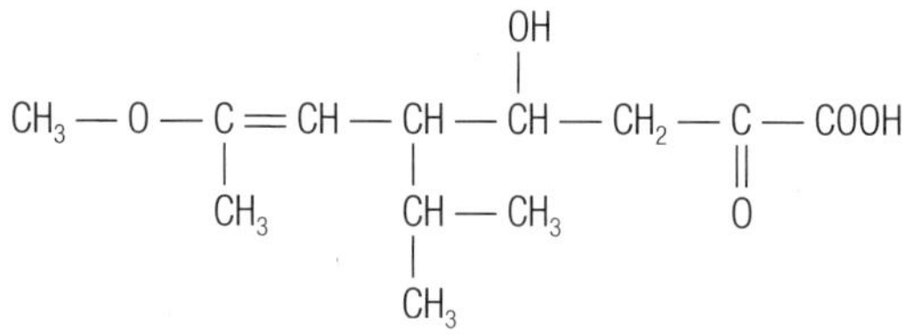

38

a) Propanoato de metilo
b) Etanoato de sodio, o acetato de sodio
c) Metilpropanoato de etilo
d) Metilpropanoato de metiletilo
e) Etanoato de etilo (acetato de etilo)
f) Metanoato de etenilo (formiato de vinilo)
g) Metanoato de 2-metilpropilo (formiato de 2-metilpropilo)
h) Acetato de 2-metoxi-3-butenilo

39

a) 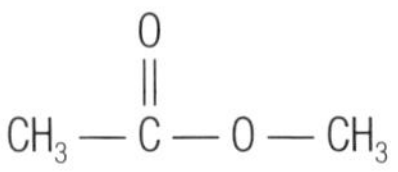

b) 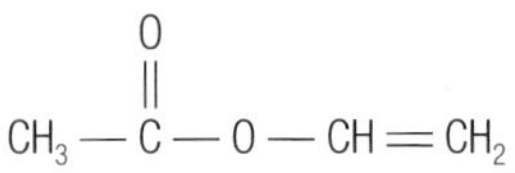

c) 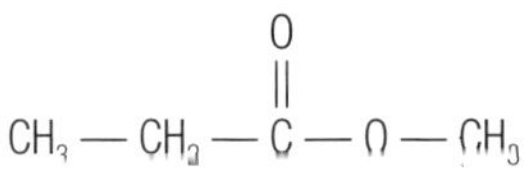

d) 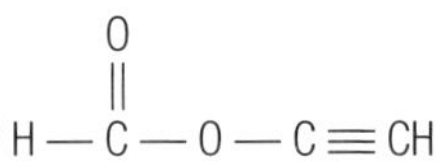

e) 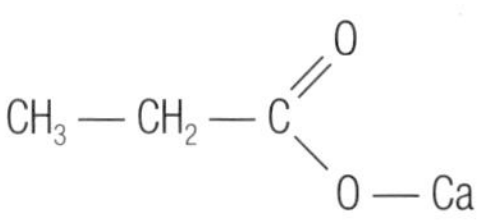

f) 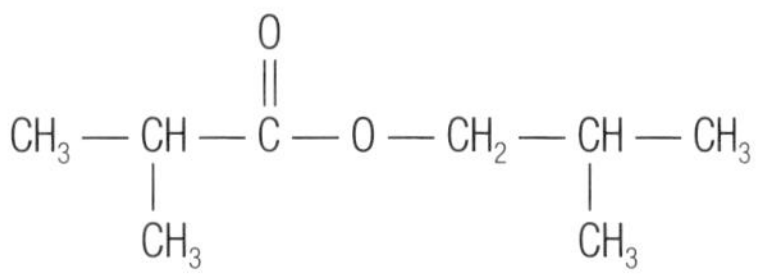

g) 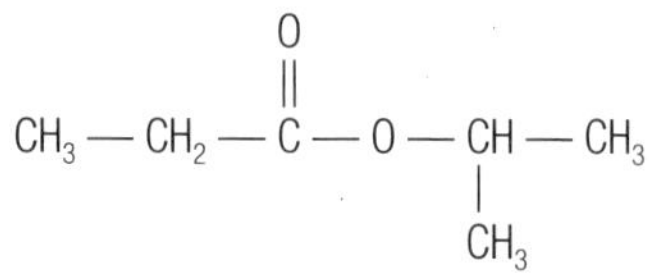

h) 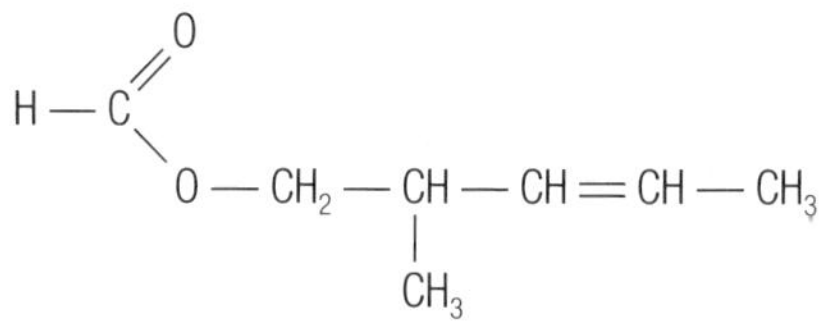

i) 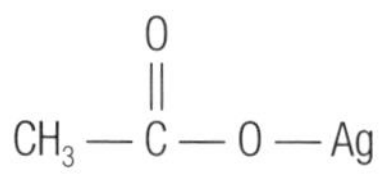

j) 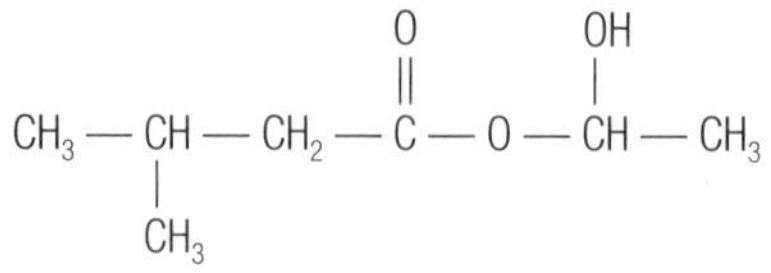

40

a) Etilamina o etanamina

b) *N*-metil-2-propanamina, o *N*-metil-1-metiletilamina, o *N*-metil-isopropilamina

c) 2-aminometil-1,3-propanodiamina, o aminometil-1,3-propanodiamina

d) Bencenamina, o fenilamina, o anilina

e) Metilmetanamina, o dimetilamina

f) 2-butanamina, o 1-metilpropilamina

g) 2-metil-2-propanamina, o 1,1-dimetiletilamina, o metil-2-propanamina

h) 1,3-propanodiamina

i) 3-metil-2,5-diazahexano, o metil-2,5-diazahexano

j) 4-metilamino-2-heptanona

k) Fenilbencenamina, o difenilamina

l) *N,N'*-dimetil-1,3-propanodiamina

m) Ácido 3-aminopropanoico

n) Ácido 3-aminometil-4-metilamino-5-azaheptanoico

41

a) $CH_3 - CH_2 - CH_2 - NH_2$

b) $CH_3 - NH - CH_3$

c) $CH_3 - CH_2 - CH_2 - NH - CH_2 - CH_2 - CH_2 - CH_3$

d) $CH_2 = CH - CH_2 - NH_2$

e) 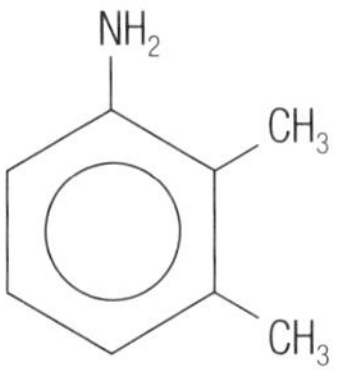

f) 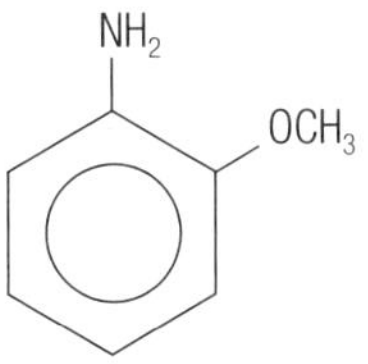

g) 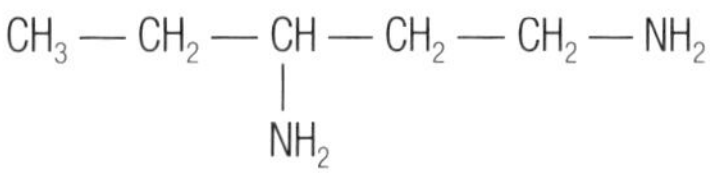

h) 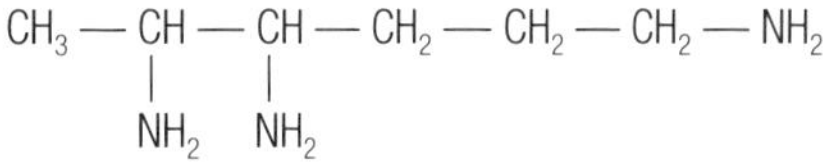

i) 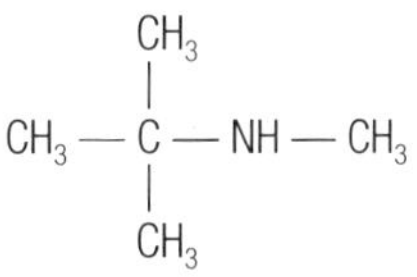

j) 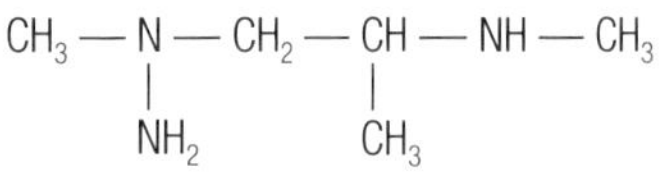

42

a) Etanamida, o acetamida

b) Propanamida

c) Benzamida

d) Etanopropanodiamida

e) Propanodiamida

f) *N*-metil-2-metilpropanamida, o *N*-metil-metilpropanamida

g) Dipropanoamida

h) *N,N*-dietil-metilpropenamida

i) Hexanamida

j) *N,N,N'*-trimetil-butanodiamida

43

a) Acetonitrilo, o etanonitrilo

b) 3-ciano-3-butenonitrilo

c) 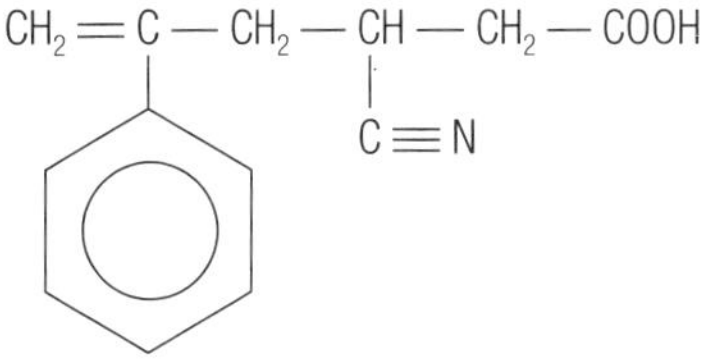

d) 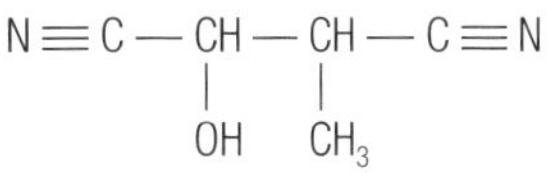

44

a) Ácido 4-cloro-2-nitro-2-pentenoico

b)

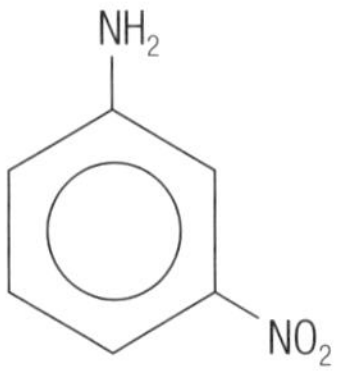

c) o-cianonitrobenceno

d)

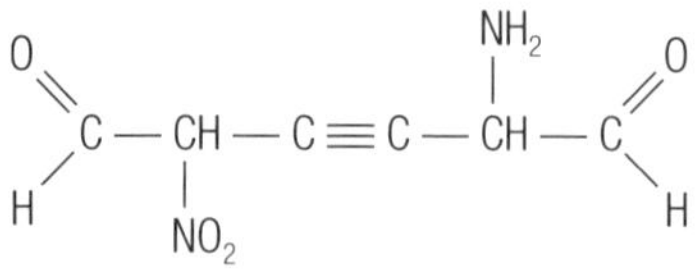

45

a) Ácido 3-oxo-4-hexenoico

b) Ácido 3-metil-5-oxohexanoico

c) 3-bromopropanal

d) Ácido 2,3-dihidroxibutanodioico, o ácido dihidroxibutanodioico

e) 2-clorociclohexanona

f) 2-cianometil-6-ciano-5-hidroxihexanal

g) Metanoato de 2-metil-3-pentenilo

h) 5-hexen-1,2-diol

i) Ácido 2-carboxi-6-hidroxi-4-oxo-octanodioico

j) Ácido 2-oxopropanoico

k) Ácido 3-etil-5-oxohexanoico

l) Ácido 2-aminobutanoico

m) 5-hidroxi-2-metil-3-oxopentanal

n) Ácido 3-aminociclohexanoico

ñ) 3-metil-2-penten-4-in-1-ol, o 3-metil-2-penteninol

o) 3,5-dioxohexanoato de etilo

p) 4,6-diaza-2-heptanona

q) 2,2-dihidroximetil-3-hidroxipropanal, o dihidroximetil-3-hidroxipropanal

Solucionario de la autoevaluación

Hidrocarburos

1 La respuesta correcta es la *d)*.

$$\overset{8}{C}H_2 = \overset{7}{C}H - \overset{6}{C} \equiv \overset{5}{C} - \overset{4}{C}H = \overset{3}{C}H - \overset{2}{C}H = \overset{1}{C}H_2$$

2 La respuesta correcta es la *c)*:

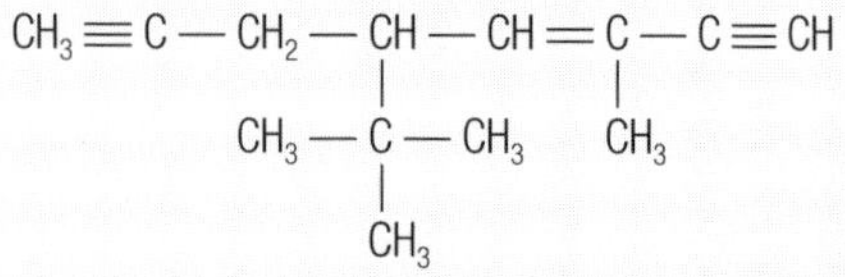

3 La respuesta correcta es la *d)* m-etenilmetilbenceno.

4 La respuesta correcta es la *b)*.

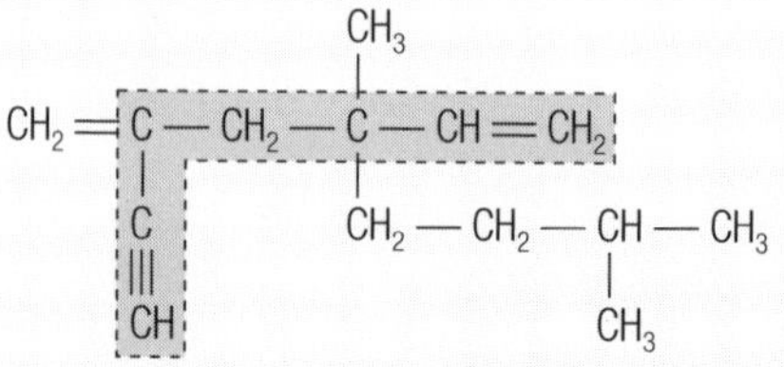

Compuestos oxigenados

1 La respuesta correcta es la *a)* y la *c)*.

2 Las respuestas correctas son la *b)* y la *d)*. Se trata del mismo compuesto.

3 El nombre más correcto del $HOOC - CH = CH - COOH$ es el *b)* ácido butenodioico, ya que no es necesario indicar la posición del doble enlace, puesto que no existe otra posibilidad.

4 La respuesta correcta es la *d)*.

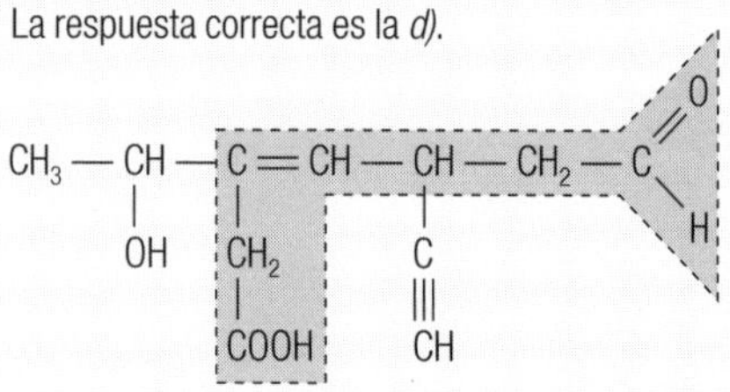

Compuestos nitrogenados

1 La respuesta correcta es la *b)*.

2 La respuesta correcta es la *a)*.

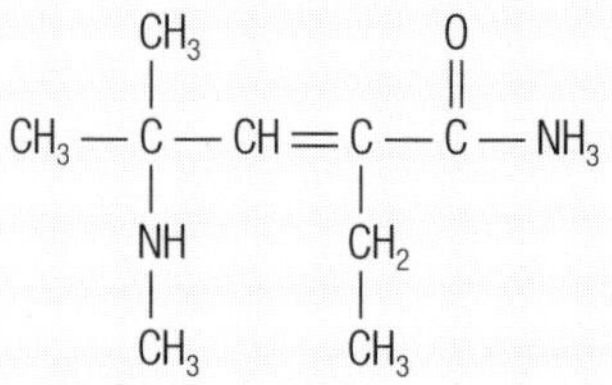

3 La respuesta correcta es la *d)*.

4 La respuesta correcta es la *d)*.

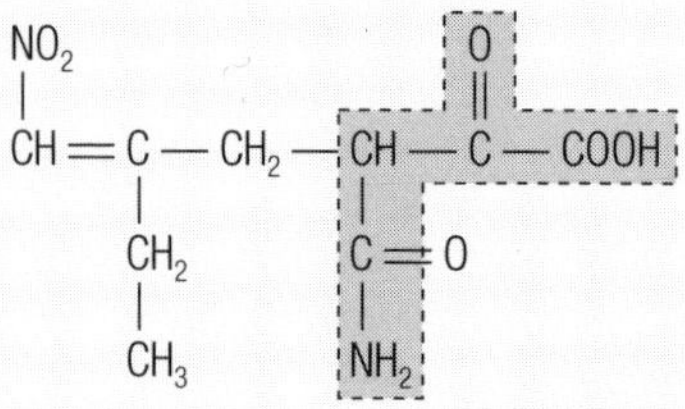

Solucionario de la evaluación

1

a) 2,3-dimetil-2-buteno
b) 2-propanol
c) Propanodial
d) Butanona
e) Butanodiona
f) Ácido formiloxoetanoico
g) Hidroxietanoato de potasio
h) Metilpropeno
i) Etanodinitrilo
j) Propanoato de ciclopropilo
k) Trimetilamina
l) 4-metilfenilamina, o p-metilanilina
m) 3-metiletil-1-penten-4-ino
n) 1,2,3-butanotriol
ñ) 1,3-dicloropropadieno
o) Propanonitrilo
p) Etanoato de etilo, o acetato de etilo
q) Ácido 2-ciano-2-metilpropanoico
r) Formilemetanoato de plata
s) 3-bromo-3-buten-1,2-diol
t) Cianuro de potasio
u) Etanamida (acetamida)
v) Dimetilamina
w) 2-etil-4-metilcicloheptanol

2

a) 2,3-dimetil-1-buteno
b) 3-etil-2,3-dimetilpentadieno
c) 5,5-dimetilhexadiino
d) 3-metilpentanodiona
e) Metiletanamina, o etilmetilamina
f) Ácido butanodioico
g) 3-amino-4-ciclopropil-2-metilhexano
h) Etanoato de cobre (I), o acetato de cobre (I)
i) 2-metil-1,5-hexadien-3-ino
j) 3,5-dietil-3,7-dimetil-1,5-octadieno
k) Metilbutanona
l) 1,5-hexadienona (no es necesario indicar la posición 3 de la cetona, puesto que es 3 en cualquier caso).
m) Difenilamina, o fenilbencenamina
n) Butanonitrilo
ñ) 3-yodo-3-metilpentano
o) 3-metilbutanoato de etilo

3

a) 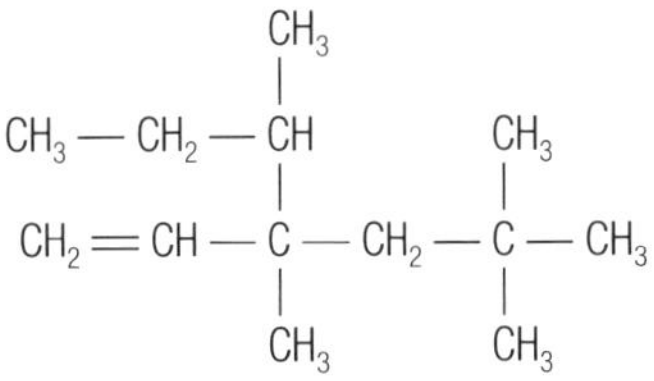

b) 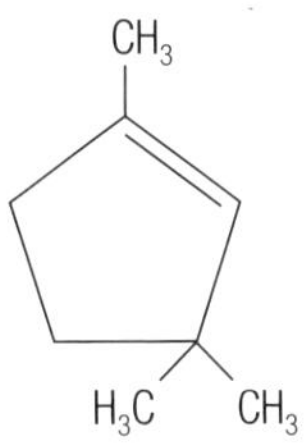

c) 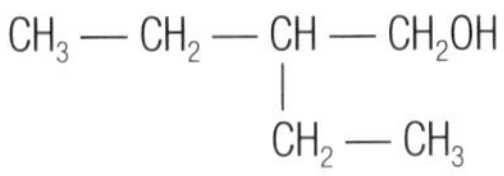

d) 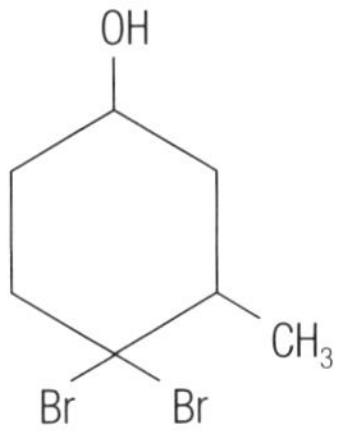

e) 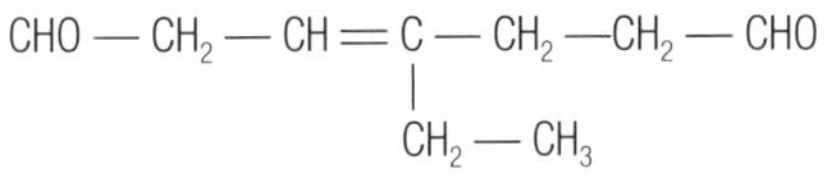

f) 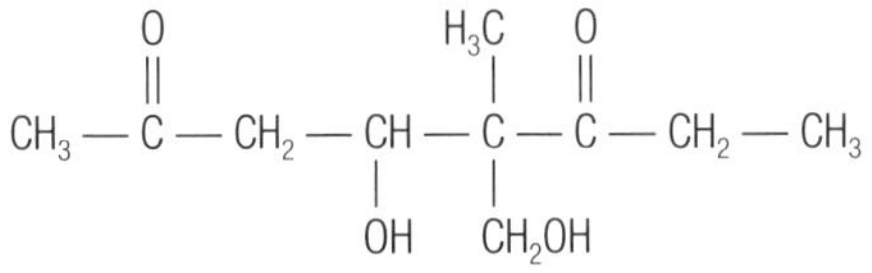

g) 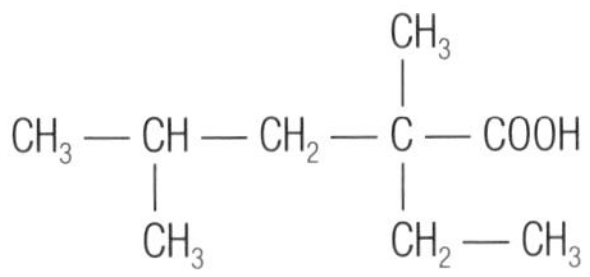

h) 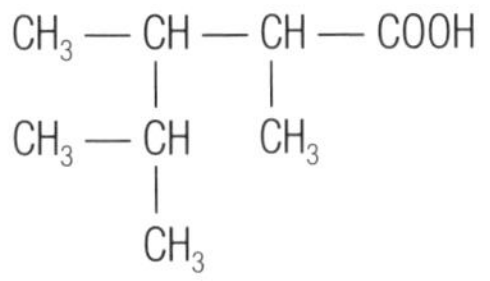

Ácido 2,3,4-trimetilpentanoico

i) 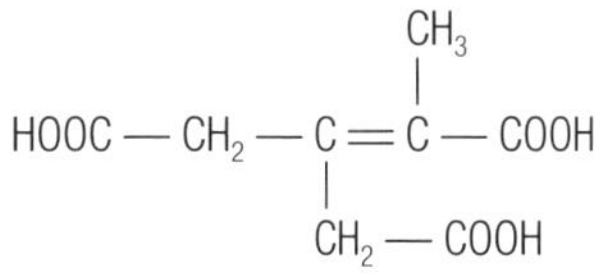

j) 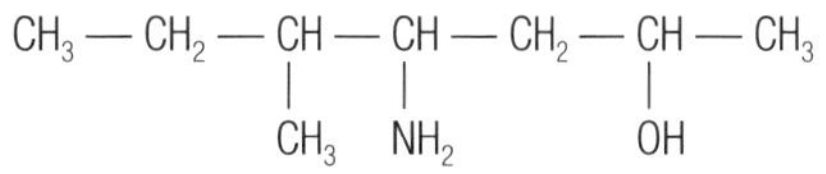

k) 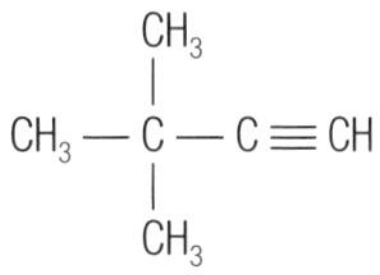

l) 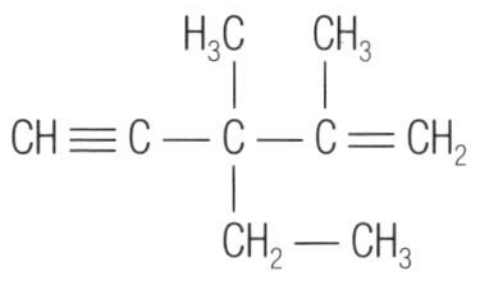

m) 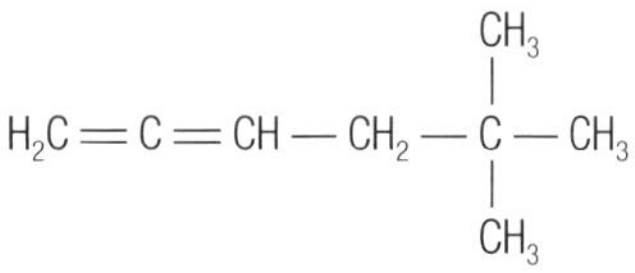

n) 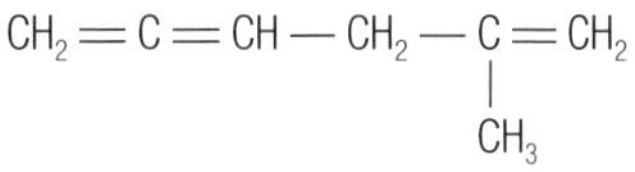

ñ) 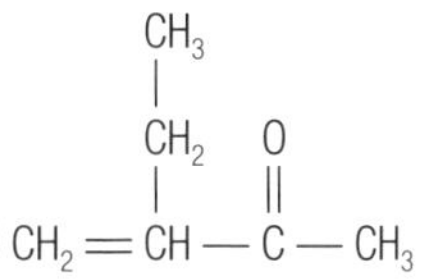

o) 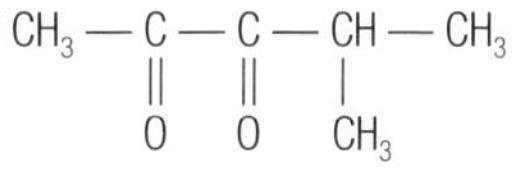

4

a) 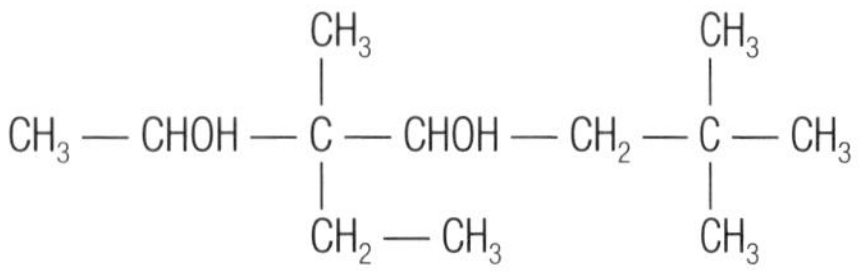

b) 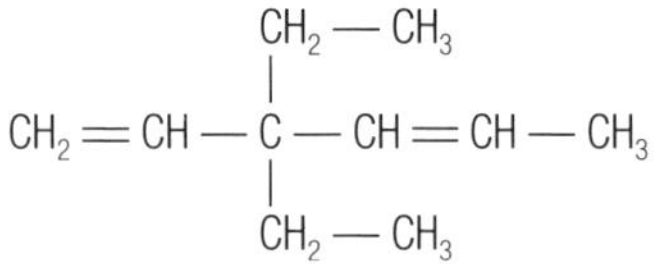

c) 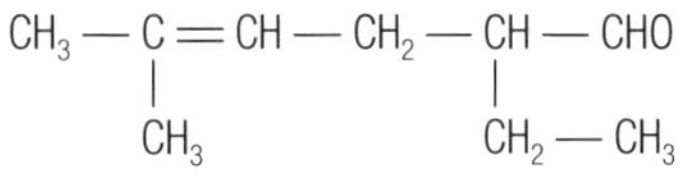

d) 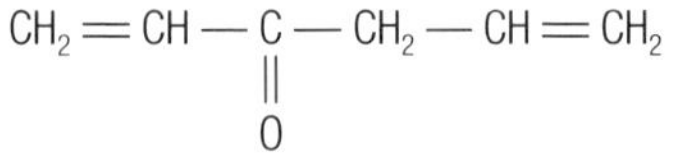

e) 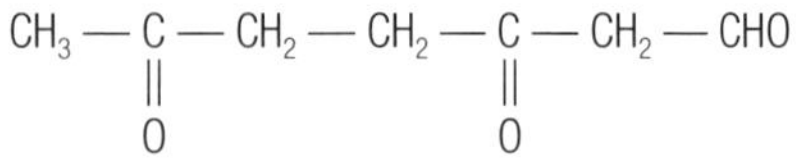

f) 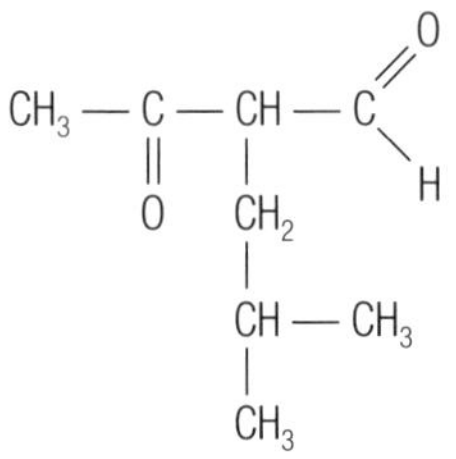

g) 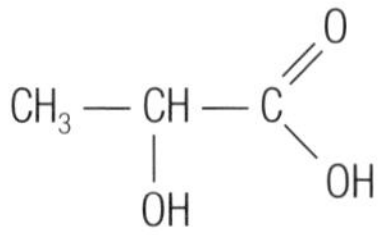

h) 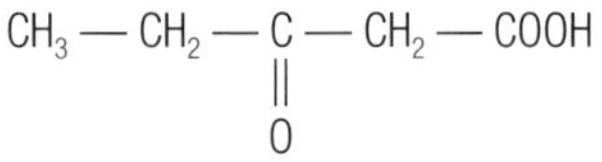

i) 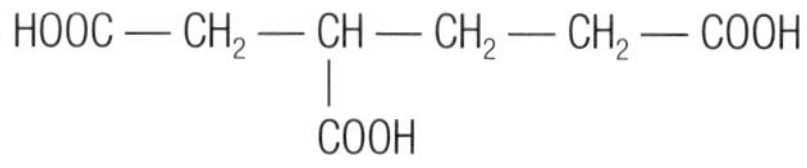

j) 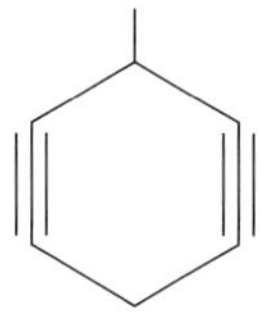

k) 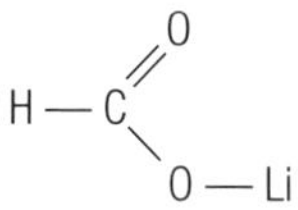

l) $CH_3 - CH_2 - NH - CH_2 - CH_2 - CH_3$

m) 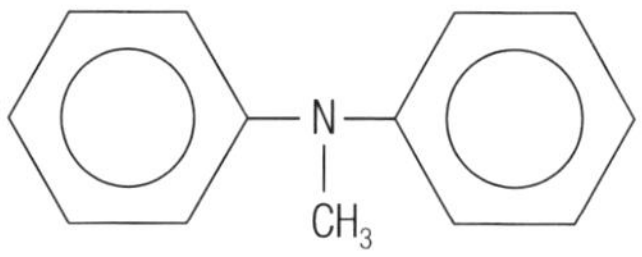

n) $HOOC - C \equiv C - COOH$

ñ) $N \equiv C - CH_2 - C \equiv N$

o) 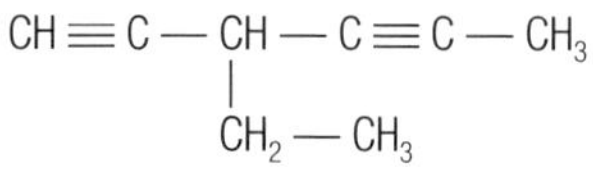

5

a) 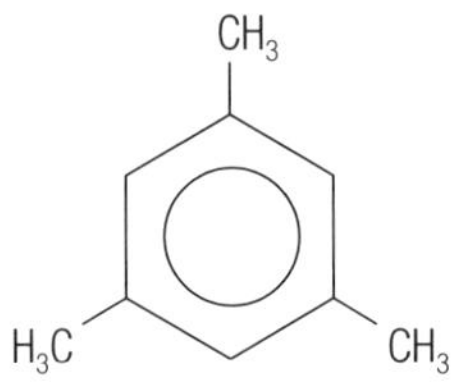

b) $CH_3 - CH_2 - O - CH_2 - CH_3$

c) $CH_3 - CH_2 - CH_2 - O - CH_2 - CH_3$

d) 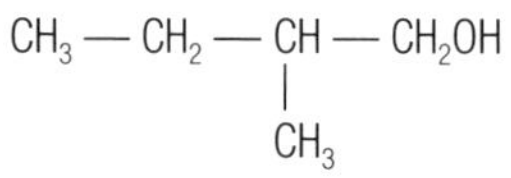

e) $CH_3 - CH = C - CH_2OH$

f) 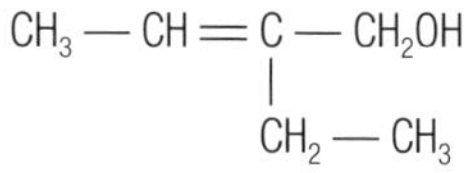

g) $CH_2 = CH - CH = CH - CH_3$

h) $CH_3 - C \equiv C - CH_2 - C \equiv C - CH_3$

Prioridad creciente de grupos funcionales

Función	Grupo funcional	Nombre grupo funcional	Nombre prefijo	Nombre sufijo	Ejemplo
Alcano	$-\overset{\vert}{\underset{\vert}{C}}-\overset{\vert}{\underset{\vert}{C}}-$			*–ano*	CH_3-CH_3 etano
Radical		alquil, alquilo, arilo (aromáticos)			metilo: $-CH_3$ etilo: $-CH_2-CH_3$
Nitroderivado	$-NO_2$	nitro	*nitro–*		$CH_3-CH_2-NO_2$ nitroetano
Halogenuro de alquilo	$-X$	haluros	*halo–*		$CH_3-\underset{\underset{Cl}{\vert}}{CH}-CH_3$ 2-cloropropano
Alquino	$-C\equiv C-$			*–ino*	$CH\equiv CH$ etino
Alqueno	$>C=C<$			*–eno*	$CH_2=CH_2$ eteno
Éter	$-O-$	oxi	*–alcoxi*		$CH_3-O-CH_3-CH_3$ etilmetiléter
Amina	$-NH_2$	amino	*amino–*	*–amina*	$CH_3-\underset{\underset{NH_2}{\vert}}{CH}-CH_3$ 2-propanamina
Alcohol	$-O-H$	hidroxilo	*hidroxi–*	*–ol*	$CH_3-CH_2-CH_2OH$ 1-propanol
Cetona	$-\overset{\overset{O}{\Vert}}{C}-$	carbonilo	*oxo–*	*–ona*	$CH_3-CO-CH_2-CH_3$ butanona
Aldehído	$-\overset{\overset{O}{\Vert}}{C}-H$	carbonilo	*formil–*	*–al*	CH_3-CH_2-CHO propanal
Nitrilo	$-C\equiv N$	ciano	*ciano–*	*–nitrilo*	$CH_3-CH_2-C\equiv N$ propanonitrilo
Amida	$-\overset{\overset{O}{\Vert}}{C}-NH_2$	amida	*carbamoil–*	*–amida*	$CH_3-CO-NH_2$ etanoamida
Éster	$-\overset{\overset{O}{\Vert}}{C}-OR'$	éster	*alcoxicarbonil–*	*–oato* de alqu*ilo*	$CH_3-CH_2-COO-CH_3$ propanoato de metilo
Ácidos	$-\overset{\overset{O}{\Vert}}{C}-OH$	carboxilo	*carboxi–*	*Ácido –oico*	CH_3-COOH ácido etanoico